传奇战机

[意]里卡多·尼科利 著
[意]马尔科·德·法比亚尼斯·曼费尔托 绘
庞旭 译 傅聂 校译

Combat Aircraft

中国友谊出版公司

图书在版编目（CIP）数据

传奇战机 /（意）里卡多·尼科利著；（意）马尔科·德·法比亚尼斯·曼费尔托绘；庞旭译. -- 北京：中国友谊出版公司，2022.10

ISBN 978-7-5057-5273-3

Ⅰ. ①传… Ⅱ. ①里… ②马… ③庞… Ⅲ. ①歼击机-介绍-世界 Ⅳ. ①E926.31

中国版本图书馆CIP数据核字(2021)第140106号

著作权合同登记号 图字：01-2021-6932

White Star Publishers® is a registered trademark property of White Star s.r.l.
© 2016 White Star s.r.l.
Piazzale Luigi Cadorna, 6
20123 Milan, Italy
www.whitestar.it

本书经由中华版权代理总公司授权北京创美时代国际文化传播有限公司。

书名	传奇战机
作者	[意]里卡多·尼科利
绘者	[意]马尔科·德·法比亚尼斯·曼费尔托
译者	庞旭
出版	中国友谊出版公司
发行	中国友谊出版公司
经销	新华书店
印刷	北京尚唐印刷包装有限公司
规格	635×965毫米　16开 13.375印张　70千字
版次	2022年10月第1版
印次	2022年10月第1次印刷
书号	ISBN 978-7-5057-5273-3
定价	248.00元
地址	北京市朝阳区西坝河南里17号楼
邮编	100028
电话	(010) 64678009

版权所有，翻版必究
如发现印装质量问题，可联系调换
电话　(010) 59799930-601

目录 CONTENTS

前言	6
1913 年 阿芙罗 504	9
1916 年 索普威斯 "骆驼" 战斗机	13
1917 年 斯帕德 S.XIII 战斗机	17
1917 年 福克 DR.I 战斗机	21
1935 年 容克 JU 87 "斯图卡" 俯冲轰炸机	25
1935 年 霍克 "飓风" 战斗机	29
1935 年 梅塞施密特 BF109 战斗机	33
1935 年 波音 B-17 "飞行堡垒" 轰炸机	37
1936 年 休泼马林 "喷火" 战斗机	41
1939 年 三菱 A6M "零" 式战斗机	45
1939 年 伊留申 伊尔-2 "斯图莫维克" 对地攻击机	49
1939 年 联合 B-24 "解放者" 轰炸机	53
1939 年 福克-沃尔夫 FW 190 战斗机	57
1940 年 霍克 "台风" 战斗机	61
1940 年 沃特 F4U "海盗" 舰载战斗机	65
1940 年 北美 P-51 "野马" 战斗机	69
1941 年 共和 P-47 "雷电" 战斗机	73
1941 年 梅塞施密特 Me 262 战斗机	77
1941 年 阿芙罗 "兰开斯特" 战略轰炸机	81
1942 年 雅克列夫 雅克-9 战斗机	85
1942 年 波音 B-29 "超级空中堡垒" 轰炸机	89
1947 年 北美 F-86 "佩刀" 战斗机	93
1947 年 米高扬-古列维奇 米格-15 战斗机	97
1952 年 波音 B-52 "同温层堡垒" 轰炸机	101
1954 年 洛克希德 F-104 "星" 式战斗机	105
1956 年 米高扬-古列维奇 米格-21 战斗机	109
1956 年 达索 幻影 III 战斗机	113
1958 年 麦克唐纳·道格拉斯 F-4 "鬼怪" II 重型战斗机	117
1960 年 霍克-西德利 鹞式垂直起降战斗机	121
1964 年 洛克希德 SR-71 "黑鸟" 高空侦察机	125
1970 年 格鲁曼 F-14 "雄猫" 舰载战斗机	129
1972 年 麦克唐纳·道格拉斯 F-15 "鹰" 重型战斗机	133
1974 年 通用动力 F-16 "战隼" 空优战斗机	137
1974 年 帕那维亚 PA 200 "狂风" 战斗轰炸机	141
1978 年 麦克唐纳·道格拉斯 F/A-18 "大黄蜂" 战斗攻击机 / 多用途战斗机	145
1981 年 洛克希德 F-117A "夜鹰" 隐身战斗轰炸机	149
1989 年 诺斯罗普-格鲁曼 B-2A "幽灵" 隐身战略轰炸机	153
1990 年 洛克希德·马丁-波音 F-22 "猛禽" 多用途隐身战斗机	157
1994 年 欧洲战斗机 EF-2000 "台风" 战斗机	161
2000 年 洛克希德·马丁 F-35 "闪电" II 联合攻击战斗机	165

前言 INTRODUCTION

向广大读者和军迷朋友们展示著名战机的纷繁历史的著作有很多。本书独辟蹊径，以三维立体的形式来呈现不同型号的战机，希望能以更贴近现实的方式来描绘这些战机的传统设计、尺寸大小，以及不同角度的细节。

本书仅选取了40款不同的战机。遗憾的是，一些在历史上和过去战争中十分重要的机型并未能悉数囊括。首先，本书介绍了4款一战时期的战机（2款英国的、1款法国和1款德国的），当时许多国家都有制造飞机的能力。尽管技术上可行，但是最终能够获得成功的战机，特别是那些适用于战争的战机，通常都是幸运的个例，而非精密技术和科学知识的产物。再往后二十年，书中介绍了17型在二战中脱颖而出的战机。一战结束后，由于没有了战争的迫切需求，对于新型先进战机的研发陷入了停滞状态。直到20世纪三四十年代，新型战机才开始大量涌现，这时不论是空气动力学、还是发动机或材料领域，都有了显著的发展。

当时的战机，如休泼马林"喷火"战斗机、梅塞施密特Bf-109战斗机、北美航空公司的P-51野马战斗机、以及波音公司的B-17轰战机，都可以说是标志了航空设计的转折点。值得一提的还有梅塞施密特Me-262战斗机，是历史上第一架喷气式战斗机。

二战结束后，冷战的世界格局，以及来自太空军备竞赛的影响，都刺激了对于新型武器装备的持续研发与探索。在20世纪五六十年代的短短数年间，军用战机就从F-86、米格-15，这种简单的机型（能力有限，仅配备机枪而没有任何电子设备）发展到如格鲁曼公司的F-14"雄猫"和麦克唐纳·道格拉斯公司（如今的波音公司）的F-15"鹰"式战斗机，这种异常复杂的机型。而通用动力公司（如今的洛克希德·马丁公司）的F-16"战隼"更

"一旦你品尝过飞行的滋味,在地面行走时你都会仰望天空——因为那是你曾经去过的地方,更是你渴望重返的地方。"

莱昂纳多·达·芬奇

传奇战机：
非凡卓越的历史

很少有哪一项人类的发明能够像飞行器这样发展如此迅速、变化如此巨大。而在各种飞行器中，作战飞机可谓是最先进、最强大、速度最快、最令人着迷的一种。如果拿汽车来打比方的话，人们可以深信不疑地说作战飞机与其他飞机的关系就相当于赛车与其他汽车的关系。从机载电子设备的角度来说，如今的作战飞机还变得更加智能和先进。

一切的起源要从一个世纪之前说起。在第一次世界大战期间，飞机的使用开始变得更加有组织、更加专业。尽管最初用于战争的飞机基本上都是对普通的

▲ 第4页上图 1914年，一架英国飞机正在对德国发动攻击。在战争初期，机组人员都是用手投掷炸弹。

▲ 第4页下图 由于没有固定安装的武器，最初的攻击任务要求机组人员在飞机上手持步枪进行射击。

▲ 第4—5页图 一架摄于法国某机场的莫拉纳·索尔尼埃飞机。该飞机还没有安装机枪射击协调器。

民用体育运动机型进行改装,主要军事用途为侦察,但是持续的冲突促使飞机设计人员和军事参谋人员开始设计专门用于完成战时任务的飞行器。就这样,战斗机、侦察机和轰炸机等作战飞机应运而生。

战斗机以体型小、质量轻、机动性强著称。轰炸机则体型较大,装备更多的发动机,配备众多的机组人员,武器的有效载荷在当时已经十分惊人了。

最早的空中决斗是非常残酷的事情,飞行员们要在驾驶飞机的同时挥舞手中的手枪或步枪向对方射击。战斗机到1915年才出现,当时人们决定在飞机的机鼻上加装机枪,进行所谓的"驱逐"作战(在大多数欧洲语言中,战斗机也被称为"驱逐机")。但是,这也造成了一系列问题,因为飞机的螺旋桨正好在武器和目标之间,机枪一开火就有可能把螺旋桨打坏。法国的莫拉纳·索尔尼埃想到了一个初步的解决方案,就是在他的L型飞机的螺旋桨后侧安装防撞偏转片,这样就可以让撞到螺旋桨的子弹弹开。就这样,1915年4月1日,罗兰·加洛斯成为第一个驾驶着专门为"驱逐"而设计的飞机击落敌人飞机的飞行员。

　　显而易见，所有的交战国都开始争相模仿这一系统，但是很快德国人就对其进行了改良。在同一年夏天，德国人造出了当时世界上最优秀的战斗机：福克E.III战斗机。该型号战机的优势不仅仅在于它是一架单座单翼机，机身重量轻于其他战机，更是因为其采用了一种革命性的机械装置——射击协调器。这种机械装置让飞机螺旋桨和机枪联动，确保当螺旋桨扇页处于机枪枪口前面时子弹不发射。这种单翼机成了协约国的"福克灾难"，但是英国人和法国人很快便做出了回应。法国人制造了纽波特11"宝贝"战斗机，这是一种装备有80马力发动机的双翼机，飞行速度可达97英里/小时（156千米/小时），速度和机动性在当时都非常优秀。

　　英国人制造了英国皇家空军的F.E.2b战斗机，这是一种马力更加强劲的双座机（达到160马力），但是其最大飞行速度一直没有超过91英里/小时（146千米/小时）。1916年，这几种战机帮助协约国在空战中扳回一城，但各国在技术霸权上的竞争才刚刚开始。1916年秋天，德国人推出了"信天翁"D.I战斗机，很快又出现了改进型的D.II。与此同时，法国人推出的斯帕德S.VII战斗机可谓是战争前期最优秀的战斗机。此后的改进型斯帕德S.XIII战斗机更强大、质量更重，被许多国家的空军大量使用。然后，英国人制造出索普威斯"骆驼"战斗机和英国皇家空军的SE.5战斗机，法国人制造了昂里奥HD.I战斗机，德国人制造了福克Dr.I战斗机、"信天翁"D.III

▲ 第6—7页图 1917年，英国皇家飞行团的飞行员和机械师在法国北部一起站在他们的索普威斯"骆驼"战斗机前合影。

▲ 第7页图 "红男爵"曼弗雷德·冯·里希特霍芬站在他的飞行大队所属的一架福克Dr.I三翼机上。

战斗机和D.V战斗机。大战期间最著名的德国飞行员"红男爵"曼弗雷德·冯·里希特霍芬创造的辉煌战绩也让他驾驶的福克Dr.I三翼机成为传奇。这架战斗机在作战中表现非常优异，但并不是所有人都能很好地操控，而且其产量也并不算大。相对地，最优秀的德国战斗机，也可以说整场战争期间最优秀的战斗机，是1918年出现的福克D.VII，其产量大约有1000架。其中最先进的型号福克D.VIIF配备一台185马力发动机，最大飞行速度可达118英里/小时（190千米/小时），可以在14分钟内爬升到16404英尺（5000米）的高度，这样的性能在当时可谓相当惊人。

不过，以其快速的技术发展让人们眼界大开的不仅是战斗机，还有轰炸机。后者同样以极快的速度得到了发展，其中有些新的性能特征更加出乎人们的意料。在1915年时，著名的轰炸机当属高德隆G4轰炸机，加装两台80马力发动机，最大起飞重量2600磅（1180千克），在携带250磅（113千克）炸弹的情况下飞行速度可达81英里/小时（130千米/小时）。在这种情况下，动力更加强劲的发动机的出现使战机的体型和载荷量大增成为可能。仅仅过了三年时间，英国就制造出了配备4台375马力罗尔斯·罗伊斯发动机的汉德利－佩季V/1500轰炸机，尽管最大飞行速度并没有提高太多（96英里/小时，即155千米/小时），但是其最大起飞重量已经增加到了30865磅（14000千克），最多可携带7500磅（3400千克）炸弹。

  第一次世界大战对各个领域的技术探索都带来了极大的推动,特别是在航空领域。短短四年间,巨大的飞跃不仅出现在了飞机的性能特征上,而且应用于工业规划上。从1914年到1918年,仅法国一个国家就生产战机67987架,英国、德国、美国、意大利和其他国家的战机生产数量也同样惊人。到"一战"结束时,全世界已经涌现出数量众多的飞机和飞行员,他们在战后开辟了新的道路,为民用航空运输业带来了生机。

  在军事领域,变革主要发生在文化上。如果说战争之前,大多数人对飞机的认识还停留在地面和海上作战行动的简单甚至无用的附属上,那么从1918年开始,人们已经将其视为一种可靠而高效的战争工具。飞机在战场上找到了自己的用武之地,有些国家甚至开始考虑将航空兵的地位从过去的隶属于陆军提升为一个独立的军种。在20世纪的20年代到30年代,世界上的许多国家都成立了独立的空军,英国是1918年,意大利是1923年,法国是1934年。

▲ 第8—9页图 1918年海战期间,一架索普威斯"炫耀者"从澳大利亚皇家海军舰艇上起飞。从第一次世界大战开始,侦察机在海战中变得十分重要。

▲ 第9页图 第二次世界大战初期,一架PBY-5A卡特琳娜水上飞机飞越阿拉斯加上空。当时,由于技术进步,水上飞机已经达到了极限。

两次世界大战之间的几十年,各国的陆军和空军大都被遣散。由于战争的需求不再紧迫,技术进步的速度缓慢下来。但是发展的道路已经铺平。在竞技体育和探险家大远征的推动下,对飞机的研究也在朝着性能更佳的方向努力。这些都激励着飞机设计者不断探索解决经典飞行问题的更好办法:航程、空气动力效率、载荷能力以及速度。

在20世纪的20年代和30年代,人们似乎认为,航空的未来是与水上飞机紧密联系在一起的,这种飞机不需要使用配有专门的长长跑道的机场来起飞和降落,而可以随意降落在水面上,如果飞机由于技术问题需要降落时,这是一个很大的优势。对于远程、越洋飞行而言,这似乎是最好的解决方案。然而,1939年一场新的世界大战爆发,使水上飞机成了一个过时的概念。事实上,第二次世界大战加速了航空技术的发展,它比上一次世界大战更加疯狂、更加深刻、更具革命性。

▲ 第10页图 一架被部署到亚洲战场的霍克"飓风"战斗机正飞越缅甸上空。该型战机是第一架飞行速度超过300英里/小时（483千米/小时）的单翼战斗机。

▲ 第11页图 1944年，"野马"Mk.III战斗机编队飞越英国上空。这是著名的北美P-51战斗机在英国皇家空军服役的型号，该战机可以说是第二次世界大战中最优秀的战斗机。

一些重要的创新在1939年以前就已经出现。其中包括：可收放起落架、悬臂式机翼、金属机身结构和变距螺旋桨。20世纪30年代，由于商用航空事业的拓展，美国的航空工业取得了巨大进步。美国能够一直在技术上处于领先地位，部分要归功于美国国家航空咨询委员会（NACA）。这个政府研究机构在1958年改名为美国国家航空航天局（NASA）。

30年代初，人们已经可以很明显地感觉到世界正在加速滑向一场新的世界大战。某些国家，如被极权主义政权统治的日本、德国和意大利，他们的目标就是要血腥地扩张领土。发生在中国、西班牙和埃塞俄比亚的战争只不过是即将到来的全球性冲撞的前奏。察觉到这些迹象后，欧洲就开始陷入严重的军备竞赛之中，空军也被推到了竞争的风口浪尖。在这十年间，各国空军还有很多老式飞机在服役，其中大多数都是直接从第一次世界大战时期的战斗机发展而来的带有固定起落架的双翼机。美国的波音F4B-4战斗机、英国的霍克"狂怒"战斗机、德国的海因克尔He51战斗机、意大利的菲亚特C.R.32战斗机都还是很传统很保守的，没有什么特别出众的特性。直到1938年新一代战斗机才开始出现：先是海因克尔He112战斗机，之后是霍克"飓风"战斗机、休泼马林"喷火"战斗机、梅塞施密特Bf109战斗机、马基M.C.200"闪电"战斗机。其中除了马基200使用的仍然是老式发动机，其他战斗机都拥有一些最现代的特性，如直列式发动机、变距螺旋桨、可收放起落架、悬臂式单机翼。而"喷火"战斗机和Bf.109战斗机，这两种战机由于拥有许多先进的性能，后期又发展出了几十种不同的改进型号，一直到第二次世界大战结束仍在使用。

▲ 第12—13页图 美国海军一架格鲁曼F6F "地狱猫"战斗机在一艘航空母舰的飞行甲板上，正在挂载空地火箭弹。"地狱猫"是遂行攻击任务的优秀战斗机。

▲ 第13页图 1942年，一架德国福克-沃尔夫Fw 190战斗机正飞越被占领的法国港口。这架德国战机出现在前线，对于英国皇家空军来说可算是一个糟糕的消息。

二战期间，出现了很多顶级的战斗机，在航空发展史上留下了不可磨灭的印记：英国的霍克"台风"战斗机和"暴风"战斗机；德国的福克－沃尔夫 Fw190 战斗机；意大利的马基 M.C.202 战斗机、M.C.205 战斗机和菲亚特 G.55 战斗机；美国的洛克希德 P-38 "闪电"战斗机、格鲁曼 F6F "地狱猫"战斗机、北美 P-51 "野马"战斗机、共和 P-47 "雷达"战斗机；苏联的拉沃奇金 La-5 战斗机和雅克列夫的雅克-9 战斗机；日本的三菱-A6M "零"式战斗机。

为了让读者能够了解螺旋桨战斗机的技术发展，值得一提的还有美国在 1941 年参战时使用的寇蒂斯 P-40B "战鹰"战斗机，使用 1040 马力发动机，最大飞行速度可达 348 英里/小时（560 千米/小时），最大起飞重量达 7606 磅（3450 千克）。仅仅两年后，美国又推出了共和 P-47D 战斗机，使用 2000 马力发动机，最大飞行速度 429 英里/小时（690 千米/小时），最大起飞重量 19400 磅（8800 千克）。

另一方面，德国人也让人们看到了他们在基本设计方面能做到非常优秀。他们的梅塞施密特 Bf 109 战斗机的设计制造从 1937 年的 B-1 系列（660 马力发动机，最大飞行速度 292 英里/小时，即 470 千米/小时）一直持续到 1944 年的 K-4 系列（2000 马力发动机，最大飞行速度 441 英里/小时，即 710 千米/小时）。

然而，在战争期间完成的真正的技术飞跃却是喷气发动机的发展，直到现在这仍然是现代航空的基础。第一架装备了涡轮喷气发动机的战机是海因克尔 He178。这架秘密研发的测试原型机于 1939 年 8 月 27 日在保密状态下完成了首飞。经过改进的海因克尔 HeS 3b 发动机推力可达 1100 磅（500 千克），最大飞行速度约 400 英里/小时（644 千米/小时）。不过，早在 1929 年，英国皇家空军的工程师弗兰克·惠特尔就发明了现代涡轮喷气发动机。

▲ 第14—15页图 1945年1月，法国第365战斗机飞行大队的一架共和P-47D"雷电"战斗机。该型战机在空战和对地攻击方面表现都很优异。

▲ 第15页上图 1942年底，苏联雅克列夫的雅克-9战斗机开始服役，在速度和机动性能上的表现全面超越梅塞施密特Bf 109 G-2战斗机。

▲ 第15页中图 1944年6月，一架英国皇家空军的霍克"台风"战斗机，在诺曼底盟军准备实施登陆期间遂行空中支援作战行动。地勤人员正在进行起飞前的最后一次检查，并为战机挂载火箭弹。

▲ 第15页下图 1944年，在意大利南部一个机场，第99战斗机中队的一架寇蒂斯P-40"战鹰"战斗机在遂行打击任务前装载炸弹。

▲ 第16页图 1929年由弗兰克·惠特尔爵士设计的喷气发动机,惠特尔是第一位设想出这种推进装置的工程师。

▲ 第17页上图 格洛斯特 E.28/39,第一架使用弗兰克·惠特尔设计的发动机的英国喷气式飞机,并于1941年5月15日首飞。

▲ 第17页中图 世界上第一架喷气式战斗机是德国的梅塞施密特Me 262战斗机,加装量产发动机的战机于1942年首飞。该战机的设计在当时非常先进,因此,到战争结束后仍继续服役了数年。图为一架被美国人缴获的梅塞施密特Me 262 B-1a/U1 双座夜间战斗机。

惠特尔的涡轮发动机被用在世界上第二架喷气式飞机格洛斯特 E.28/39 上。试验原型机于 1941 年 5 月 15 日试飞，使用推力 1896 磅（860 千克）的惠特尔 W.1 发动机，最大飞行速度 435 英里 / 小时（700 千米 / 小时）。此后，这些设计衍生出了第一架使用这种全新的革命性推进装置的作战飞机。梅塞施密特 Me262 是当之无愧的第一架喷气式作战飞机，这架创新设计的战斗机采用后掠翼，并在机翼下方安装了两个涡轮喷气发动机。第一架最终加装了容克"尤莫"004 发动机的原型机于 1942 年 7 月 18 日试飞，直到两年后战机才开始服役。尽管该战机比盟军的活塞发动机战斗机要先进，但仍然无力改变战争的结果，部分原因也在于纳粹德国空军一直到战争结束都被困扰的燃料和训练有素的飞行员都严重短缺的问题。Me262 的两台发动机每台推力 1800 磅（816 千克），最大飞行速度可达 559 英里 / 小时（900 千米 / 小时）。战机加装 4 门 1.2 口径（30 毫米）机炮，攻击型携带 2 枚 500 磅（227 千克）炸弹。盟军的第一架喷气战斗机命运截然不同。格洛斯特"流星"战斗机是对 E.28/39 原型机进一步研发制造的产物。"流星"战斗机在两个机翼中间各安装了一个推进装置，为气动翼弦很长的平直翼。使用罗尔斯·罗伊斯 W.2B/23C 涡轮喷气发动机，总推力达 3400 磅（1542 千克），使战机最大速度达到 416 英里 / 小时（670 千米 / 小时）。加载武器中包括 4 门 20 毫米口径机炮。"流星"战斗机于 1944 年 6 月开始列装英国皇家空军的第 616 飞行中队，但是一直在英国本土作战，最初用于拦截纳粹德国的 V-1 飞弹，后来用于训练机组人员对抗喷气式战机的攻击。

盟军不希望在敌人控制的领土上空使用这种新型战斗机，主要是担心战机会被敌人缴获。直到 1945 年 1 月战争接近尾声时，才向比利时和荷兰派遣了少量该战机，其在战争中的事迹几乎没有任何记载。无论如何，战争结束后，"流星"战斗机的改进型号仍然在服役，作为战斗机、夜间战斗机、攻击机、教练机、侦察机等。该战机总共生产了 3875 架，被 18 个国家使用，有些战机一直使用至 20 世纪 60 年代。

▲ 第17页下图 1950年，一架英国皇家空军的格洛斯特"流星"Mk.4战斗机正在范堡罗进行空中加油试验。

▲ 第18—19页图　一架诺斯罗普P-61"黑寡妇"夜间战斗机正在美国进行测试飞行。其绰号来自战机黑色的机身，主要用于遂行夜间拦截任务。

第二次世界大战期间的各种技术创新中，还有一项值得一提的就是雷达，安装在战机上用于夜间拦截敌机。第一架安装雷达用于此类任务的战机是1939年11月出现的英国布里斯托的"布伦海姆"轻型轰炸机，加装AI Mk.II型雷达。交战的两方，不论是英美还是德国，后来都出现了很多类似的机型，不过在战争期间专门为执行此类任务而制造的真正意义上的夜间战斗机只有1944年开始服役的诺斯罗普P-61"黑寡妇"夜间战斗机。

和战斗机一样，轰炸机在第二次世界大战期间同样发展迅速。20世纪30年代服役的轰炸机几乎发挥不了太大作用，而且作战能力有限。举个例子，英国1933年制造的汉德利·佩季"黑福德"重型轰炸机仍然是一种双翼机，加装2台525马力罗尔斯·罗伊斯发动机，最大飞行速度142英里/小时（229千米/小时），起飞重量16876磅（7655千克），载弹量2866磅（1300千克）。从本质上来说，它与1918年的汉德利·佩季V/1500并没有太大区别。但是从1939年开始，随着德国的容克Ju88轰炸机、道尼尔Do17轰炸机、海因克尔He111轰炸机以及英国的维克斯"惠灵顿"轰炸机的出现，情况开始发生改变。

▲ 第19页图 1942年，一个布里斯托"布伦海姆"轻型轰炸机编队正在飞行。1939年，一型该战机加装了首个截击雷达。

▲ 第20页图 1942年，在位于长滩的道格拉斯工厂内，工人正在完成波音B-17轰炸机的机身安装工作。战争期间，女性劳动力是确保美国战斗力的决定因素之一。

▲ 第21页图 1944年，位于英国的一个基地内，一架刚刚结束任务的波音B-17轰炸机的腹部炮塔。美国陆军航空队的轰炸力量是击败第三帝国的一个决定性因素。

1942年，战争进程中最重要的三种战略轰炸机相继出现：阿芙罗"兰开斯特"轰炸机、联合B-24"解放者"轰炸机和波音B-17"飞行堡垒"轰炸机。最后一种应该也是最著名的轰炸机。其中使用最广泛的G型配有4台1200马力赖特R-1820"旋风"涡轮增压星型发动机。其最大飞行速度超过286英里/小时（460千米/小时），最大起飞重量接近30吨，最重要的还有载弹量达到17600磅（7983千克）。在数以千计的此类轰炸机的帮助下，盟军才得以摧毁纳粹德国的生产设备和运输网络，也得以将大多数德国城市夷为平地，严重地打击了德国的平民，削弱了德国的士气。

战争期间最先进的轰炸机当属B-17轰炸机的接替者，波音B-29"超级空中堡垒"轰炸机。该战机于1942年首飞，次年开始服役。它以4100英里（6600千米）的超远航程著称，在太平洋战场一战成名。其常规武器载荷量不如B-17轰炸机多，但是其配备的4台2200马力赖特发动机大大改善了其性能特征，最大飞行速度超过354英里/小时（570千米/小时），这对于一架起飞重量超过60吨的大飞机而言确实非常了不起。

另一个不应该被低估的方面是工业生产。为了满足战时生产的需求，工业生产超出了以往的所有限制，一方面引入了新的组装和生产工艺，另一方面使用了新的劳动力，包括女性和战俘。从这个角度来看，欧洲国家完成了几项真正的奇迹。1939年至1945年间，英国制造了12万架战机，苏联制造了8.1万多架战机，日本也制造了7.9万多架战机。而德国的工业部门更是在原材料严重短缺和从1943年到战争结束一直遭受持续轰炸的情况下，生产了各型战机12.1万架。但是所有这些在美国的航空生产面前都相形见绌，美国从1939年时的平均每年生产2195架战机猛增至战争结束时的3.05万架。美国航空工业的繁荣发展一直到战后还在产生重要的反响。美国在战争期间获得了航空生产的领导者地位，然后又因为冷战的到来，继续保持着这个地位，直到今天一直在技术和生产方面走在所有国家的前列。

▲ 第22页上图 第二次世界大战末期一架美国陆军航空队的洛克希德P-80战斗机正在飞行。

▲ 第22页下图 一架带有苏联空军标志的米格-15战斗机正在飞行。该战斗机与美国的F-86战斗机是同时期的，并且在很多方面都要优于F-86。

第二次世界大战的结束并没有让军队像1918年那样大规模遣散。各国在对军队进行初步的、合理的重组后，就开始了一轮新的军备竞赛，一方是1949年围绕美国和北约的西方集团，另一方是围绕苏联和华约（1955年）的东方集团。两方阵容都对其他大陆的其他国家扩展自己的影响力。在亚洲，中国崛起成为第三世界强国。所有这一切都造成了政治和军事的高度紧张，推动各国大量发展制造更加现代和更加有效的武器装备。

战后的航空技术巩固了喷气动力的优势地位，马力越来越强劲的发动机使得几年前难以想象的一些性能成为可能。航空电子设备领域的发展（特别是雷达）极大提升了作战飞机的战斗力，带来了能够遂行特殊任务的新型战机的发展。

二战后的一大创新就是空中加油。早在1923年，美国就进行了首次空中加油试验，并且在美国和英国持续进行了几年试验。但是，直到战后，在作战中加油的功能才最终实现。第一架被改装的战机是一架B-29轰炸机。1948年6月，美国空军成立了负责遂行空中加油任务的最初两个部队。第一次在实战中使用是在50年代，使用波音KB-29加油机在位于日本的基地为F-84战斗轰炸机进行空中加油。后来经过改进，在机翼边缘的其中一个油箱前面加装了探针。

美国陆军（美国陆军航空队，1947年变为美国空军）的第一架喷气式飞机是1942年制造的贝尔P-59"空中彗星"，使用了英国向美国技术转让的惠特尔发动机。1944年只有50架飞机投入实际使用，它只是作为实验项目，为实现美国全面自主生产铺平道路。最终的结果就是1944年1月首飞的洛克希德的P-80"流星"战斗机，生产总量1700多架。该型战机为平直翼单发喷气式飞机，机身线条非常简洁。

P-80A型战斗机1945年开始服役，并没有参加二战。这一优秀的设计又衍生出了双座教练机T-33A。该战机共生产了6500多架，所有西方国家的空军都曾使用过，有些一直服役至20世纪80年代。P-80C型战斗机采用艾利森J33涡轮喷气发动机，推力达到4500磅（2041千克），最大飞行速度600英里/小时（965千米/小时），武器包括 6 挺 0.50 口径（12.7 毫米）机枪和重达 2000 磅（907 千克）的炸弹。有意思的是，战后美国空军还专门把 P-80A 战斗机和 Me262 战斗机进行了对比。他们得出结论认为，德国的战斗机在提速和速度上要优于美国的战斗机，尽管德国的这架战斗机机身重量超过 2000 磅（907 千克），但它们的爬升率却大致相同。P-80 的一个衍生型号 F-94"星火"战斗机于 1949 年首飞，可遂行夜间拦截任务，是全世界首架带加力燃烧室的作战飞机。

该装置可显著增加推力，代价是要耗费大量的燃料。在那几年中，美国海军也接收了其第一架喷气战斗机，麦克唐纳 FH-1"鬼怪"战斗机和格鲁曼 F9F"黑豹"战斗机。与此同时，英国开发了德海维兰 DH.100"吸血鬼"战斗机。苏联也在德国航空工程师的帮助下于 1945 年至 1946 年间开发出其第一批喷气战斗机，包括雅克-15 战斗机和米格-9 战斗机。人们对战机性能提升的狂热追求在 1947 年发生了转折，在航空发展史上占有不可或缺地位的两架战机出现了：美国的北美 F-86"佩刀"战斗机和苏联的米格-15 战斗机。

两架战机的完成都要归功于从前纳粹德国的数百名工程师和技师那里带来的大量技术情报。他们为解决空气动力学和发动机相关问题发挥了决定性的作用。这两架战机还带来了一项重要的创新，那就是它们都是后掠翼飞机。这让飞机的速度更快，但是也造成了严重的操控问题，特别是在接近音速的阶段。F-86 项目从 1944 年就开始了，而由于空气动力的复杂问题其研制期被大大延长，直到 1947 年 10 月 1 日才得以首飞。"佩刀"战斗机获得巨大成功，生产出多种不同型号，其中包括装备雷达型、陆基型和舰载机型。总共生产了 9800 架，被 30 多个国家使用，有些一直使用到 20 世纪 80 年代。与其相对应的米格-15 战斗机于 1947 年 12 月 30 日首飞，比"佩刀"战斗机晚了三个月。当时苏联还不具备生产合适发动机的能力，在购买了一个适合的推进装置后战机才得以完成。很多人认为，米格-15 战斗机是一架比 F-86 战斗机更优秀的战机，取得了巨大成功，总共生产了 18000 多架，被 40 多个国家的空军使用过。

▲ 第23页图 一架涂有美国驻欧空军"金翅鸟"特技飞行表演队标志的 F-86"佩刀"战斗机。"佩刀"是一种非常成功的战斗机，总共生产了超过10000架。

20世纪50年代，飞机的发动机和空气动力方面都在技术上取得进展。每年都有新的设计出现，但是航空电子技术的概念仍然滞后。值得注意的是，1953年出现的两款战机后来在飞行历史上留下了浓墨重彩的一笔。第一架是北美F-100"超级佩刀"战斗机，该战机于1953年4月24日首飞。其中F-100D型装备带有加力燃烧室的J57发动机，推力可达17000磅（7711千克），是第一架在水平飞行时突破音障的战机。第二架是康维尔F-102"三角剑"战斗机。该战机于1953年10月24日首飞，是第一架在实际中应用"面积律"这一新理论的战机。尽管使用了马力强劲的J57发动机，但由于机身巨大且为圆柱形，首架原型机的飞行速度还是未能突破1马赫（海平面音速为758英里/小时，即1220千米/小时）。人们发现，要想在跨音速区域（0.8至1.2马赫之间）实现平稳过渡，必须降低空气动力阻力，使飞机的前部和尾部的横截面积与机翼所在的中间部位相等。因此就出现了所谓的"老式可口可乐瓶"形状的"旋成体"机身，让横截面积最大的机翼处的机身变窄。经过这一改变，下一代原型机YF-102A很顺利地就在1954年12月19日的首飞中突破音障。巧合的是，德国容克的工程师奥托·弗伦茨尔发现了面积律原理并在1943年至1945年间进行了研究。另一项给空战带来革命性变化的发明也来自德国。鲁尔钢铁公司的X-4是历史上第一种空空导弹，1944年由福克-沃尔夫Fw190战斗机进行了首次空中发射试验。该武器是为Me262战斗机设计的，但是最终未能投入实战。第一种投入实战的空空导弹是美国的AIM-9"响尾蛇"导弹，是美国海军1946年开始的一个项目，1956年开始在格鲁曼F9F-8"美洲狮"战斗机和北美FJ-3"狂怒"舰载战斗机上使用。苏联的第一种空空导弹是"加里宁格勒"K-5，1955年开始进行测试，1957年开始在米格-17战斗机和米格-19战斗机上使用。

▲ 第24页图　一架飞行中的康维尔F-102"三角剑"战斗机。该战斗机是航空史上第一架运用"面积律"原理制造的战斗机，显著改进了跨音速飞行。

▲ 第25页上图　一架北美F-100"超级佩刀"正在爬升。该战斗机是第一架安装加力燃烧室并在水平飞行时实现超音速飞行的战斗机。

▲ 第25页下图　格鲁曼F9F"美洲狮"是最早使用AIM-9"响尾蛇"空空导弹的战斗机之一，1956年就开始使用。图中的"美洲狮"战斗机正在展示其外挂载荷，共挂载2个机翼油箱和4枚"响尾蛇"导弹。

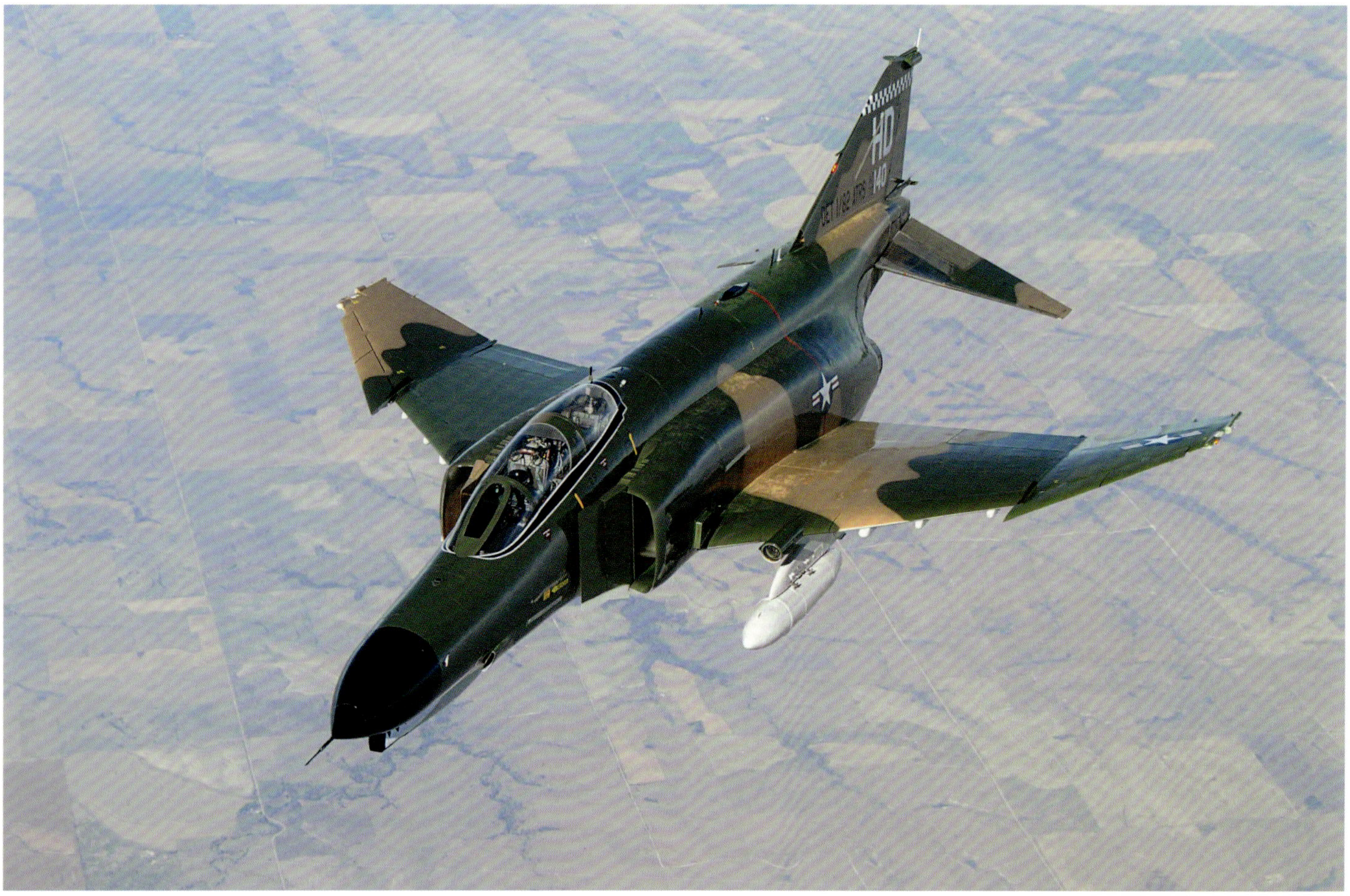
HD

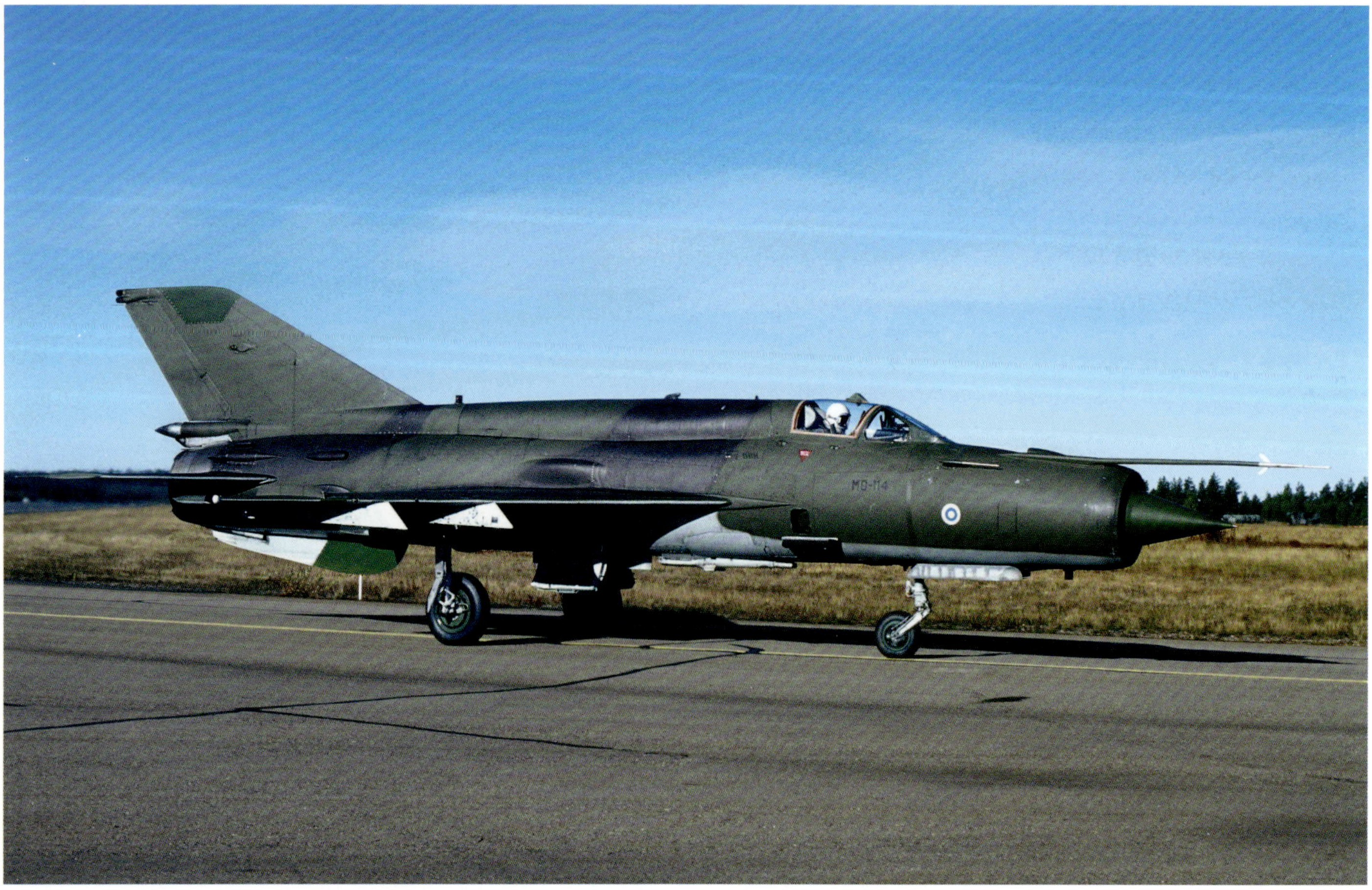
MG-114

对更高性能的追逐在1954年时又创造了一个历史性时刻，洛克希德F-104"星"式战斗机出现了。该战机是第一架在实飞中速度达到2马赫（海平面速度1367英里/小时，即2200千米/小时）的战机。战机的研发主要是针对实战中飞行员们提出的需求。尽管美国空军并不是特别欣赏它，但是该战机在美国的盟国中却取得了巨大的销售业绩，特别是装备到北约国家空军的G型。尽管操控困难，武器载荷较少，但"星"式战斗机以其简洁的设计和相对低廉的价格而长时间受到青睐，特别适合遂行核打击任务。最后一批该战机在意大利空军一直服役至2004年。20世纪50年代，苏联的工业发展基本与美国保持同步。其第一架水平飞行实现超音速的战斗机是米格-19战斗机，1954年开始服役。第一架2马赫战斗机是米格-21战斗机，1956年1月19日首飞。该战机取得巨大成功，量产一直持续至1985年，改装型号十几种，总共生产了11500架，全世界大约50个国家使用过该战机。这一时期，欧洲工业同样制造出一些成功的高性能战斗机，如英国的英国电气"闪电"战斗机、法国的达索"幻影"III战斗机和瑞典的萨博J35"龙"式战斗机。这些都是性能优异的2马赫战机。"幻影"III（其衍生型号为"幻影"5）以三角翼著称，在商业上最为成功，总共生产了1400多架，从1959年一直使用至20世纪80年代初。50年代构想和设计最好的战斗机是麦克唐纳·道格拉斯公司的F-4"鬼怪"II战斗机。该战机的设计是在美国海军的推动下完成的，因为海军正好需要一款强大的新型舰载战斗机。其结果就是一款标志着航空工业转折点的战斗机。因为这是第一次有一架战机能够同时拥有多种作战能力，身形巨大，双发动机，机组成员包括一名驾驶员和一名系统操作员，强大高效的雷达，远程、重型多样化的武器载荷。所有这些特性共同构成了这个现代历史上第一架真正意义上的多用途喷气战斗机，通过简单地更换武器装备就能够以一架战机遂行拦截、空防、对地攻击等多种任务。F-4战斗机先后进入美国海军和美国空军服役，后来又有十几个国家使用了该战机。生产总量达到5000多架。如今在欧洲和亚洲仍然有6个国家在继续使用"鬼怪"II战斗机。

▲ 第26页上图 麦克唐纳·道格拉斯F-4"鬼怪"II战斗机是第一架真正意义上的现代多用途战斗机。图中为美国空军在越南战场上涂装的一架F-4E战斗机。

▲ 第26页下图 毋庸置疑，米高扬-古列维奇的米格-21战机是苏联最成功的战斗机。其量产持续了近30年，生产总量超过11500架，并且销往世界各地。图中为一架芬兰空军的该战机。

▲ 第27页上图 达索"幻影"III战斗机是最著名、最成功的欧洲战斗机之一。图中为一架正在参与研究任务的法国版"幻影"IIIB型双座战斗机。

▲ 第27页下图 洛克希德"星"式战斗机是世界上第一架飞行速度达到2马赫的战斗机。尽管没有满足美国空军的需求，但是许多北约国家和美国盟友的空军都使用了其最成功的型号F-104G战斗机。

技术的进步和冷战的需要又为另外一种军用飞机的出现开辟了道路,即战略侦察机。在这类战机中,两款美国战机脱颖而出,它们都来自洛克希德公司:U-2侦察机和SR-17"黑鸟"高空侦察机。后者给人留下了特别的印象,尤其是其速度。其飞行速度可超过3马赫。战略轰炸方面也取得了巨大进展,出现了更加强大、作战能力更强的战机,如1947年开始服役的体型巨大的康维尔B-36轰炸机、带有4个喷气发动机飞行速度达到2马赫的康维尔B-58轰炸机,以及1952年首飞现在仍然在美国空军服役的B-52"同温层堡垒"轰炸机。

▲ 第28—29页图 一架正在进行空中加油的波音B-52战略轰炸机。这一非凡设计在1952年开始为人所知,60多年后仍在服役。

▲ 第29页图 毫无疑问,由于其非同一般的性能,洛克希德SR-71"黑鸟"成为历史上最著名的军用战机,突破了当时技术能力的极限。

▲ 第30页图 一架美国海军陆战队的麦克唐纳·道格拉斯AV-8B+"鹞"II战斗机正降落在直升机航母上,需要战机完成垂直降落的动作。

▲ 第31页图 "鹞"式战斗机的第一个型号是英国皇家空军的GR.1型。照片中的战机是西班牙海军和海军陆战队使用的相对应型号AV-8A。

20世纪60年代开启了另一项新变革的项目,第一架垂直起降的战斗机出现了。冷战期间的各种想定促使飞机设计者开始考虑是否有可能设计一种能够不依靠脆弱的机场设施就能够作战的飞机,并且能够在前线附近的林地中作战,为地面部队提供快速反应的对地支援。英国的霍克·西德利公司设计了前景广阔的原型机P.1127,后来终于变为现实。战机使用新的马力强劲的罗尔斯·罗伊斯"飞马"推力转向涡扇发动机,使用4个可转向的喷嘴帮助战机实现垂直或悬停飞行,并有足够的推力进行常规飞行。原型机于1960年试飞,量产型定名为"鹞"式战斗机,1969年开始服役。但是在商业上该战机并不成功。除英国皇家空军和美国海军陆战队(美军型号AV-8A),只有西班牙海军航空兵购买了该战机(1997年又卖给了泰国)。1978年,海军改型"海鹞"开始在英国皇家海军服役。战机装备有机载截击雷达,还出口到了印度。"鹞"式战斗机在实战中表现出色,特别是作为舰载机而言。1976年,英国和美国决定开发改进型号AV-8B"鹞"II战斗机,并于1978年11月8日首飞。该战机比它的前身体型更大、马力更强劲、航程更远、武器载荷量更大。该战机1984年开始在美国海军陆战队服役,3年后在英国皇家空军服役,然后是西班牙海军。装备有雷达的"鹞"II+型战机1993年获得作战能力,并被美国、意大利和西班牙购买。

▲ 第32页上图　一架格鲁曼F-14"雄猫"战斗机正从一艘航空母舰上起飞。

▲ 第32页中图　一架麦克唐纳·道格拉斯F-15"鹰"战斗机正在发射一枚AIM-7"麻雀"空空导弹。

▲ 第32页下图　一架正在进行空中特技飞行表演的洛克希德-马丁F-16"战隼"战斗机。该战机的设计在当时非常先进。

▲ 第32—33页图　英国皇家空军帕纳维亚"狂风"战斗轰炸机在低空飞行时的一张非常不错的座舱特写。该战机代表了欧洲工业在作战飞机领域的首次成功。

20世纪70年代，越南战争的经验教训催生了新一代战斗机。由于战机性能在当时已经很高，这方面的进步并不大，但是战机的作战能力却得到进一步提升，如机动性和灵活性方面，以及武器管理方面，使电子设备和精确武器的使用变得更加广泛。这一系列战机包括著名的美国的格鲁曼F-14"雄猫"战斗机、麦克唐纳·道格拉斯F-15"鹰"战斗机、通用动力F-16"战隼"战斗机和麦克唐纳·道格拉斯F/A-18"大黄蜂"战斗攻击机；法国的达索"幻影"2000

战斗机；多国共同研制的帕纳维亚"狂风"战斗机；苏联的米格-25（北约代号"狐蝠"）战机、米格-29（北约代号"支点"）战斗机、苏霍伊苏-25（北约代号"蛙足"）攻击机和苏-27（北约代号"侧卫"）战斗机。

毫无疑问，这些战机中最具创新性的当属F-16战斗机，该战机首次引入了"增稳"的概念，使用计算机自动控制舵面。为提高战机的机动性能，设计者故意让该战机在空气动力上不稳定，但是能够通过飞行控制计算机进行自动控制。F-16战斗机还引入了线传飞控（使用电脉冲）以及侧置的操纵杆和向后倾斜的座椅，帮助飞行员承受住战机所能实现的更高的过载因数（最高达到9G）。这些特征，再加上一个让洛克希德-马丁能够一直持续改进的设计，还有相对便宜的价格，使得"战隼"战斗机在商业上取得了巨大的成功，总共生产4500多架，销往世界各地。

军事航空史的另外一个重要进展同样出现在这一时期,那就是第一架隐身(也可以说是"不可见")战机的开发。1974年美国开始研发一种能够降低雷达信号的战斗轰炸机。1976年洛克希德的设计被选中进行开发。1978年开始量产,1983年第一批具备作战能力的战机交货。该项目的开发全部在高度机密的内华达州第51区进行,一直被秘密隐藏起来,直到1988年美国才承认了它的存在,在此之前几乎没有一个人注意到它。该项目最终被定名为F-117A"夜鹰",这架神秘的战斗轰炸机在海湾战争期间现身,在战斗打响的第一个晚上主导了对巴格达的打击。

事实证明,F-117战斗轰炸机是一架有效的战斗机,但是却没有太多其他的特征。从2000年开始,其结构上的技术已经不再是最先进的了。

F-117战斗机于2008年退出现役,当时美国空军已经拥有了一款性能更好的新型隐身战斗机,那就是洛克希德·马丁-波音F-22"猛禽"战斗机。该项目源自1985年的一项美国空军的特殊需求,当时空军正在寻找F-15"鹰"的替代机型。竞标最后被限定在两个不同的设计上,这一项目可以在不受价格约束的情况下进行开发,是因为美国空军的目的就是要拥有一架无人能敌的空优战斗机。1991年,在参与竞标的洛克希德·马丁-波音YF-22原型机和诺斯罗普/麦克唐纳·道格拉斯YF-23原型机之中,YF-22成为竞标的优胜者。当时计划生产750架。然而,技术和预算带来的问题使该项目被延迟,第一架F-22A生产型战机在1997年才得以试飞,2003年才开始缓慢地生产。由于经济原因,该战机的预定生产总数持续下降,最终仅有195架,最后一架战机2011年才开始制造。无论如何,"猛禽"战斗机是一款非常优秀的战斗机,集合了最先进的隐身技术和卓越的性能,以及尖端的航电设备组件,可以实现超远距

离交战。该战机还能够发射精确制导弹药,这也是它能够取代F-117的原因。尽管拥有天文数字般的价格(据称单价超过4亿美元),仍然有几个国家希望订购F-22战斗机,如以色列和日本。然而,美国国会禁止其出口,因为它是具有战略价值的机密武器系统。

▲ 第34—35页图 飞行中的洛克希德F-117A"夜鹰"战斗轰炸机编队。这架不同寻常的战斗轰炸机是第一架真正意义上的隐身战机,专门为躲避雷达探测而设计。该战机在1989年巴拿马的"正义事业"行动中经受住了战火的洗礼。

▲ 第35页图 第3战斗机联队的两架洛克希德·马丁-波音F-22"猛禽"战斗机正飞越阿拉斯加上空。"猛禽"战斗机是目前美国空军最尖端的战机,战机极其复杂,其高昂的造价迫使美国政府将采购数量减少至仅有195架。

隐身技术还造就了诺斯罗普·格鲁曼 B-2A "幽灵" 轰炸机。这架巨大的飞翼飞机于 1989 年首飞，1993 年获得作战能力。B-2A 轰炸机设计的唯一目标就是不被雷达发现，该战机研发和生产的费用极高，最终仅生产了 21 架。美国一直致力于隐身技术的研发。以它为参照，美国在 20 世纪 90 年代启动了联合打击战斗机项目，计划研发一种廉价的新型隐身战斗轰炸机，其三种不同型号可同时被空军、海军和陆战队使用。美军计划制造 2500 架该战机，用来替代上一代战斗机，如 F-16、F/A-18、A-10 和 AV-8B 战斗机，竞标双方为洛克希德-马丁的 X-35 和波音的 X-32。2001

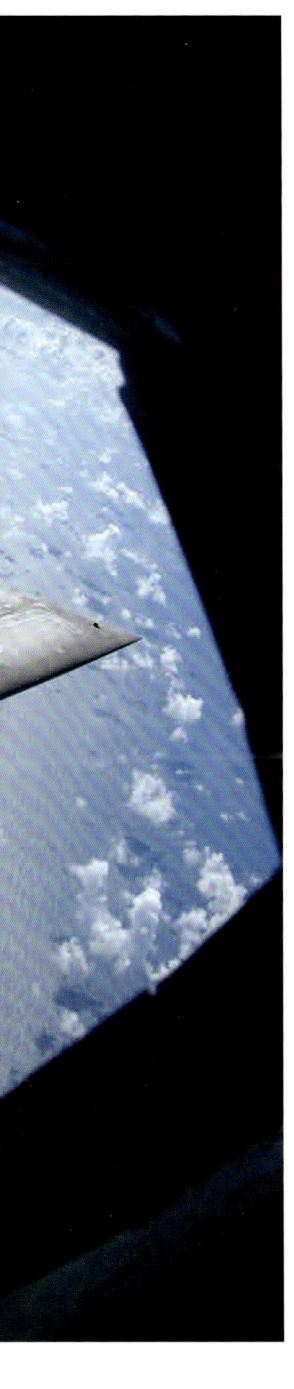

▲ 第36—37页图 一架诺斯罗普-格鲁曼B-2"幽灵"轰炸机正在空中加油。有了这项能力，B-2就能够实现从其位于密苏里州的基地起飞，打击全球任何地方的目标，再飞回基地，持续滞空达20多个小时。

▲ 第37页图 两架洛克希德·马丁F-35A"闪电"II战斗机在佛罗里达上空飞行，这种非常先进的第五代战斗机，以其能够连接其他各种战场设备的一体化电子武器系统，将给空战带来革命性的变化。

年10月26日，美军公布了最终的优胜者——洛克希德-马丁的X-35。首架原型机F-35A于2006年12月15日首飞。然而这个项目的研发过程却是一波三折，还有因为造价过高和很多后来被公布出来的技术性问题带来了诸多争论。第一批量产的战机于2011年获得作战能力，但是相关的研究工作要一直持续至2017年，按照计划届时将开始全面量产。该项目应该是进入21世纪以来最重要的军事项目。参与该项目的国家还包括：英国、意大利、荷兰、澳大利亚、挪威、丹麦、土耳其、以色列、新加坡和日本。

冷战在20世纪末结束了，但也正是由于冷战的结束，造成了许多地区冲突的爆发，这种状态一直持续至今。在这样的背景下，欧洲出现了一些值得注意的新项目，例如萨博JAS 39"鹰狮"战斗机、达索"阵风"战斗机，以及多国合作的欧洲战斗机EF2000"台风"多用途战斗机。其中最后一种战机代表了被广泛使用的最新设计，配备（除隐身技术以外的）最先进技术，被8个国家的空军选择或采用。与此同时，其他许多国家也开始自己掌握航空设计和生产的复杂技术，他们自主设计的战机也开始出现在世界舞台之上。以色列曾经开发出IAI"幼狮"战斗机和"狮"式战斗机的原型机。中国也正在制造许多引人关注的战斗机，如成都飞机工业公司的歼-10战斗机以及更加现代的歼-20战斗机和歼-31战斗机，它们都拥有最先进的特性，包括隐身性能。韩国制造了韩国航太T-50"金鹰"教练机。中国还（与巴基斯坦共同）研发了"枭龙"（巴基斯坦称JF-17"雷电"）战斗机。尽管困难重重，印度正在努力开发印度斯坦航空"光辉"轻型战斗机。除美国和欧洲外，引领世界航空工业发展的就是俄罗斯了，其设计的战机非常实用也非常先进。其中最新的战机是苏霍伊"未来前线战斗机系统"T-50战斗机（印度对其非常感兴趣），是一型可以与F-22战斗机相匹敌的隐身高速战斗机。该战机于2010年1月首飞，预计2018年将具备作战能力。

目前，作战飞机的特性正朝着无人驾驶的方向发展，也就是所谓的无人作战飞行器（UCAV）。现在已经有一些作为无人侦察机而设计的无人机用于打击地面目标，如"捕食者"无人机。还有一些实验性的、马力更加强劲的无人喷气轰炸机也已经进行了试飞。其中包括诺斯罗普·格鲁曼X-47无人作战飞机、波音"鬼怪鳐鱼"无人作战飞机、欧洲的"神经元"无人战斗机等。不过，这些无人战机距离真正进行作战部署还很遥远。

▲ 第38页图 一架英国皇家空军"台风"欧洲战斗机正在中东沙漠地区上空飞行。这架复杂的多用途战机代表了欧洲航空工业的最高水平，有些人甚至认为它可以与美国的F-22战斗机相媲美。

▲ 第39页图 诺斯罗普·格鲁曼的X-47B是最成功的无人攻击机之一，能够在航空母舰上进行遥控，并能进行自动空中加油。

照片来源 PHOTOGRAPHIC CREDITS

第1页图	experimental/123RF 实验/123RF图片网站	第19页图	Hulton Archive/Getty Images 霍尔顿档案/盖蒂图片
第2-3页图	美国空军	第20页图	Interim Archives/Getty Images 临时档案/盖蒂图片
第4页上图	ullstein bild/Getty Images 乌尔斯坦图片报/盖蒂图片	第21页图	Margaret Bourke-White/Getty Images 玛格丽特·伯克-怀特/盖蒂图片
第4页下图	Universal History Archive/Getty Images 环球历史档案/盖蒂图片	第22页上图	美国空军
第4-5页图	Roger Viollet/Getty Images 罗杰·维奥莱/盖蒂图片	第22页中图	R. 尼科利
第6-7页图	Popperfoto/Getty Images 波珀图片社/盖蒂图片	第23页图	美国空军
第7页图	Time Life Pictures/Getty Images 时代杂志及生命图片社/盖蒂图片	第24页图	ullstein bild/Getty Images 乌尔斯坦图片报/盖蒂图片
第8-9页图	IWM/Getty Images 帝国战争博物馆/盖蒂图片	第25页上图	Paul Popper/Popperfoto/Getty Images 保罗·波珀/波珀图片社/盖蒂图片
第9页图	美国海军	第25页下图	© PF-(aircraft)/Alamy Stock Photo © PF-(飞机)/阿拉米图库
第10页图	Popperfoto/Getty Images 波珀图片社/盖蒂图片	第26页上图	美国空军
第11页图	IWM/Getty Images 帝国战争博物馆/盖蒂图片	第26页下图	R. 尼科利
		第27页上图	法国空军
		第27页下图	美国空军
第12-13页图	Keystone-France/Getty Images 拱石-法国/盖蒂图片	第28-29页图	美国空军
		第29页图	美国空军
第13页图	ullstein bild/Getty Images 乌尔斯坦图片报/盖蒂图片	第30页图	© Stocktrek Image, Inc./Alamy Stock Photo © 图库旅行图片公司/阿拉米图库
第14-15页图	Photo 12/Getty Images 照片12/盖蒂图片	第31页图	© PF-(sdasm3)/Alamy Stock Photo © PF-(sdasm3)/阿拉米图库
第15页上图	Sovfoto/Getty Images 苏联照片/盖蒂图片		
第15页中图	Popperfoto/Getty Images 波珀图片社/盖蒂图片	第32页上图	美国海军
		第32页中图	美国空军
第15页下图	Afro Newspaper/Gado/Getty Images 阿芙罗报纸/加多/盖蒂图片	第32页下图	Bloomberg/Getty Images 布鲁姆伯格/盖蒂图片
第16页图	Science & Society Picture Library/Getty Images 科学与社会图片库/盖蒂图片	第32-33页图	© Stocktrek Images, Inc./Alamy Stock Photo © 图库旅行图片公司/阿拉米图库
第17页上图	Science & Society Picture Library/Getty Images 科学与社会图片库/盖蒂图片	第34-35页图	美国空军
		第35页图	美国空军
第17页中图	© PF-(sdasm3)/Alamy Stock Photo © PF-(sdasm3)/阿拉米图库	第36-37页图	美国空军
		第37页图	美国空军
第17页下图	Keystone/Getty Images 拱石/盖蒂图片	第38页图	欧洲战斗机
第18-19页图	Hulton Archive/Getty Images 霍尔顿档案/盖蒂图片	第39页图	诺斯罗普·格鲁曼

是一型极为复杂的战斗机,最大飞行速度可达 2 马赫。F-16 还是第一型能够实现自动驾驶的战斗机,这主要归功于一系列计算机分析数以千计的数据和飞行参数并将结果用于飞机的控制界面。缺少了这一"中介",飞行员就无法控制飞机。

许多战机都运用了这一技术。其他类似的技术创新还有像是耗油更少的大马力发动机、能够控制所有机上功能的航电系统、高度精确的远程武器……这些技术使得 1 架战机仅携带 1 枚炸弹即可完成过去需要 8 架战机携带 50 种装备才能完成的任务,大大节约了成本、提高了飞行员的生存能力,同时也显著减少了附带损伤。

如今,航空领域的前沿技术主要体现在以下几个方面:对于敌方雷达保持隐身的能力(这主要归功于材料、形状和特殊涂装的巧妙结合);整合全部机载传感器信息的能力,以使雷达、电视、红外探测系统、电磁传感器和其他所有设备,能够共同为飞行员提供一个可以全面感知战场(甚至是几百英里之外)以及战场上所发生的一切的图像信息。拥有这些能力的战机,如美国的 F-22 "猛禽"和 F-35 "闪电"II,代表了空战的现在和未来。

注:书中关于战机的所有数据信息均截至该书英文原版的出版年份——2016 年。

阿芙罗 504

1913—1940 年

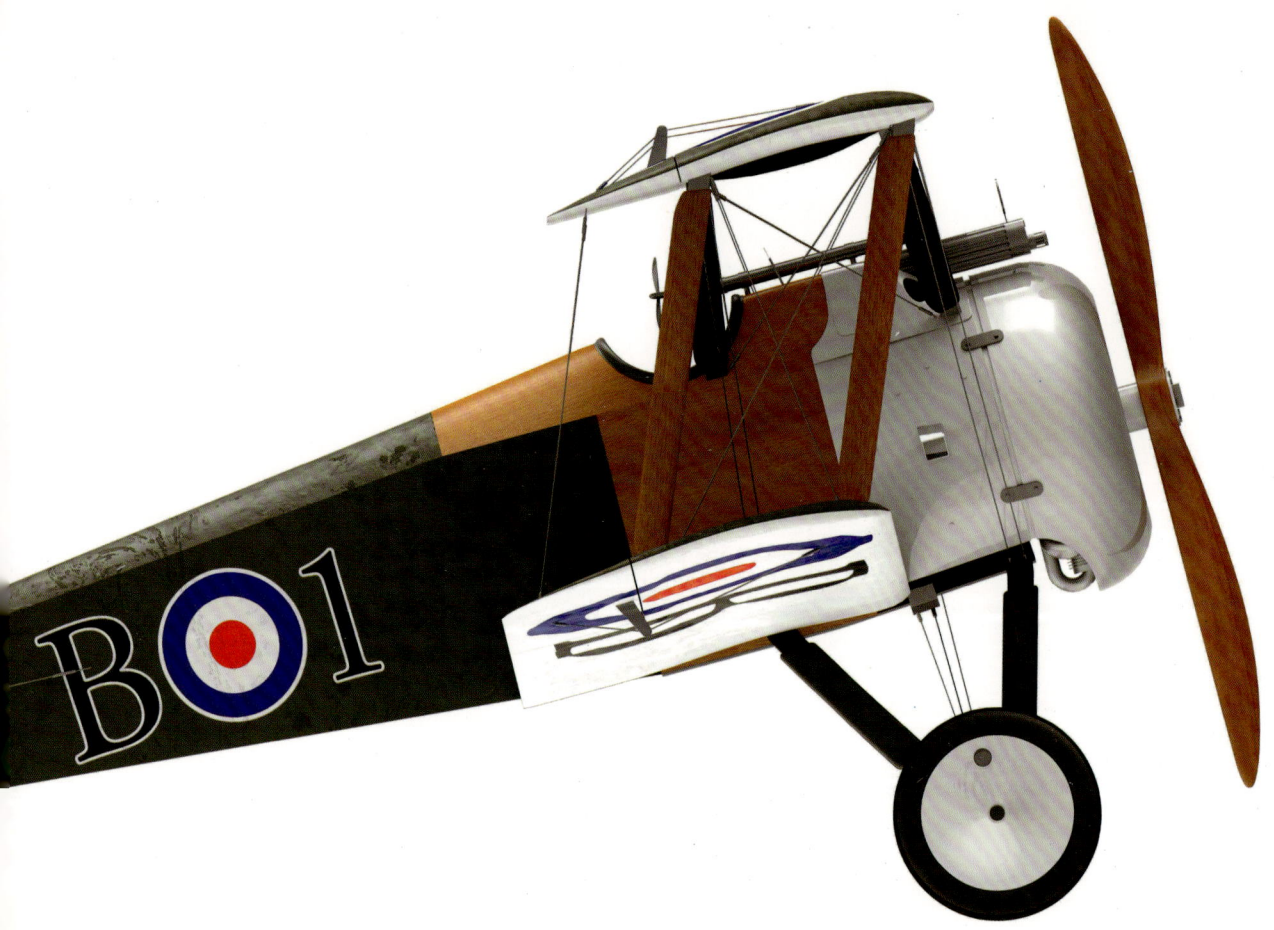

在研发性能更加优良的战斗机的过程中，英国索普威斯公司于1916年推出了其最著名的战斗机"骆驼"。该型战机是由"幼犬"战斗机发展演变而来的，因为当时的"幼犬"战斗机已经被德国的"信天翁"D.III战斗机等新型战机超越。最初定名为"大号幼犬"的F1样机于1916年12月22日首飞。"骆驼"这个绰号并非官方指定，只是由于用来保护机枪的金属盖看起来酷似驼峰才得名。作为一架木质机身结构的双翼机，"骆驼"的设计相对来说还是比较传统的。不过，它最大的创新在于它是第一款在飞行员的正前方安装两挺机枪的英国战斗机，并且能够使机枪子弹穿过飞机旋转的螺旋桨实现同步射击。与当时的其他战斗机一样，"骆驼"对于一般的飞行员而言并不是那种很容易操控的飞机，但是在尖子飞行员手中，它却能展现出一架卓越战斗机的特质，具有无比的灵活性。其首次参战是在1917年6月，列编在英国皇家海军航空兵第4飞行中队。到第一次世界大战结束时，总共生产了5490架。由"骆驼"击落的敌机数量达到1294架。在接近一战尾声时，由于它在性能上被其他战机超越，"骆驼"转而用于对地攻击任务，可加载25磅炸药。此外，"骆驼"还有双座教练机和海军舰载机等其他版本。一战结束后，有13个国家的空军都使用过这种战机。

索普威斯"骆驼"战斗机

机　　型	单座、单发、双机翼战斗机	动力装置	1台130马力克勒盖特 9B 9缸转缸发动机，双扇叶木质螺旋桨
结　　构	机身为木质框架结构，外部覆以纤维蒙皮		
机　　翼	平直机翼的双翼布局	性能	最大飞行速度：115英里/小时（185千米/小时） 实用升限：19000英尺（5790米） 爬升率：1085英尺/分钟（5.5米/秒） 航程：300英里（485千米）
起落装置	前置固定双轮，带有尾橇		
尺　　寸	翼展：28英尺（8.53米） 长度：18英尺9英寸（5.72米） 高度：8英尺6英寸（2.59米） 机翼面积：227平方英尺（21.10平方米）		
		武器系统	2挺0.303口径（7.7毫米）维克斯机枪
重　　量	空载重量：930磅（420千克） 最大起飞重量：1862磅（844千克）	乘员	1名

英国阿芙罗公司设计的504型飞机由该公司500型飞机改进而来，最初设计为民用，主要用于训练和观光。该型飞机于1913年9月18日首飞。在第一次世界大战以前，英国陆军航空兵部队和海军航空兵部队购买了少量该型飞机，主要用做教练机、战斗机和轰炸机。英国对德国的首次轰炸任务就是由一架阿芙罗504型飞机遂行的，而在战争期间被击落的第一架飞机也是该型号战机。

由于阿芙罗504是在一战之前设计的，其样式很快就过时了。除了有限的一部分用于英国的防空，大部分该型战机都用作了教练机。到一战结束时，总共生产了8340架，但其大规模生产一直持续到1932年。1925年生产的504N型配备有星型发动机，被英国皇家空军选中替代504K作为教练机。最终一共有20多种不同的型号，被38个国家的空军使用。

阿芙罗504也曾经在多个国家生产，其中包括苏联、澳大利亚、比利时、加拿大、丹麦和日本等国，是同时代使用范围最广的飞机。生产总量达到8970架，直到二战爆发时，其中许多仍在军队使用或用于民航。

阿芙罗 504K

机　型	双座、单发、双机翼教练机
结　构	机身为木质框架结构，外部覆以纤维蒙皮
机　翼	平直机翼的双翼布局
起落装置	前置固定双轮，带有尾橇
尺　寸	翼展：36英尺（10.97米） 长度：29英尺5英寸（8.97米） 高度：10英尺5英寸（3.18米） 机翼面积：330平方英尺（30.70平方米）
重　量	空载重量：1231磅（558千克） 最大起飞重量：1829磅（830千克）
动力装置	1台110马力Le Rhône 9J 9缸转缸发动机，双扇叶木质螺旋桨
性能	最大飞行速度：90英里/小时（145千米/小时） 实用升限：16000英尺（4876米） 爬升率：700英尺/分钟（3.6米/秒） 航程：250英里（400千米）
武器系统	（单座夜间版战斗机配备）1挺0.303口径（7.7毫米）刘易斯机枪
乘员	1或2名

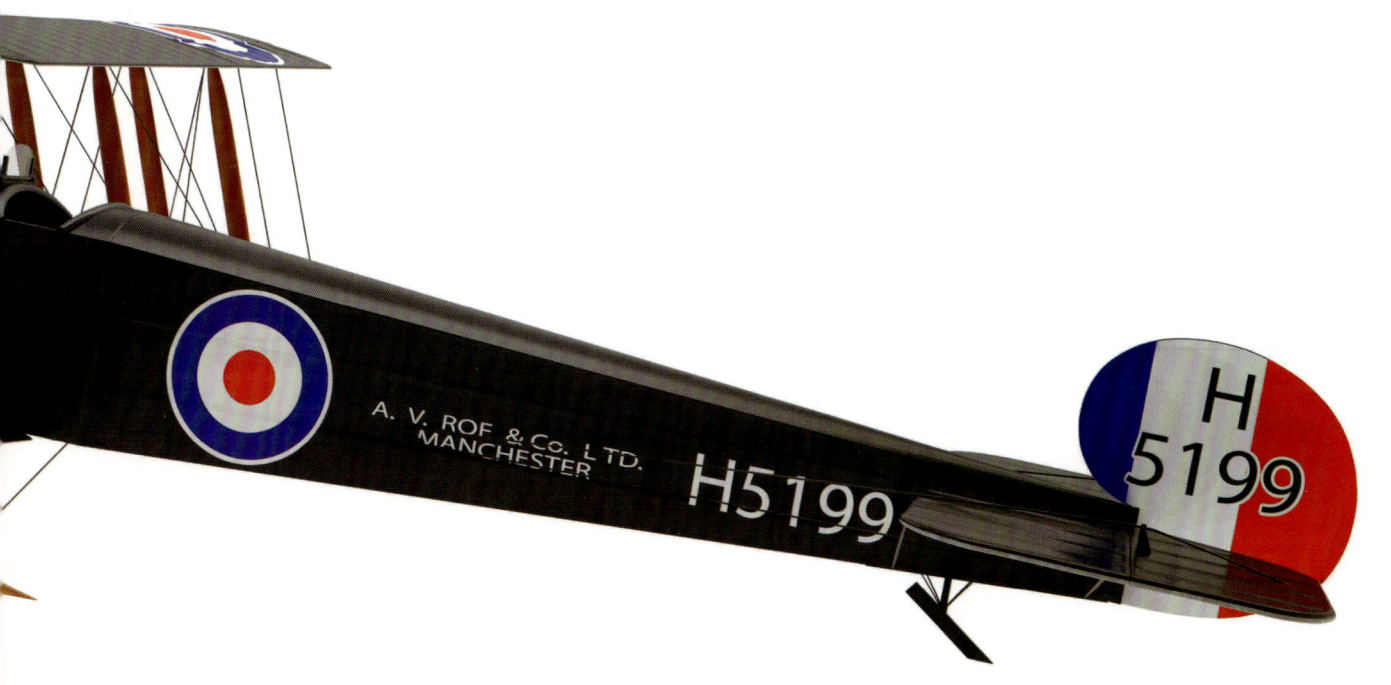

索普威斯"骆驼"战斗机
1916—1920 年

常优秀的飞行员愿意驾驶该飞机外，福克 Dr.I 并没有在普通飞行员中得到广泛使用。它的机体在结构上也不算结实，也因此造成了多起事故。但另一方面，许多王牌飞行员都非常欣赏这型飞机。其中最著名的就是"红男爵"曼弗雷德·冯·里希特霍芬，他把他的福克 Dr.I 通体涂成鲜红色，目的是为了让敌人感受到恐惧。在1918年4月21日的空战中阵亡的冯·里希特霍芬，将他驾驶福克 Dr.I 获得胜利的次数最终定格在了19次。福克 Dr.I 于1918年5月停产，最终生产了320架，当时性能更加优异的双翼机 D.VII 的样机已经生产出来。

福克 Dr.I战斗机

机　型	单座、单发、三机翼战斗机
结　构	机身为木质框架结构，外部覆以纤维蒙皮
机　翼	平直机翼的三机翼布局
起落装置	前置固定双轮，带有尾橇
尺　寸	翼展：23英尺7英寸（7.20米） 长度：23英尺7英寸（7.20米） 高度：9英尺8英寸（2.95米） 机翼面积：201平方英尺（18.70平方米）
重　量	空载重量：895磅（406千克） 最大起飞重量：1291磅（586千克）
动力装置	1台110马力上乌瑟尔 UR.II 9缸卧式星型发动机，双扇叶木质螺旋桨
性　能	最大飞行速度：115英里/小时（185千米/小时） 实用升限：20000英尺（6095米） 爬升率：1130英尺/分钟（5.7米/秒） 航程：185英里（300千米）
武器系统	2挺0.312口径（7.92毫米）MG 08 机枪
乘　员	1名

斯帕德 S.XIII 战斗机

1917—1923 年

1916年，法国的斯帕德飞机公司研制出其首架成功的战斗机——斯帕德 S.VII 战斗机。然而，技术的飞速发展很快就将其甩在了后面，特别是在速度方面。斯帕德 S.XIII 正是在此时应运而生，1917 年 4 月 4 日首飞，第二个月就正式投入战斗。从本质上来说，它就是斯帕德 S.VII 的改进型，体型更大，也更强悍，并且比斯帕德 S.VII 多配备一挺机枪。斯帕德系列战机装备的伊斯帕诺 – 西扎发动机从 182 马力增加到 200 马力，到 8B 型发动机时增大至 220 马力。

总的来说，斯帕德 S.XIII 的改进还是很受欢迎的。它算是一架能够和索普威斯"骆驼"以及福克 D.VII 相媲美的优秀战斗机。但是，它的机动性能并不算好，并且在实际飞行中，低速飞行和着陆时都令飞行员很难操控。它的发动机尽管马力强劲却不易维修维护。一战期间，协约国的部分王牌飞行员都曾驾驶该型战机，其中包括法国的王牌飞行员乔治·居内梅和勒内·丰克，美国的王牌飞行员埃迪·里肯巴克，以及意大利的王牌飞行员弗朗切斯科·巴拉卡。在一战期间以及一战结束后，包括法国、美国、意大利、俄国和英国在内的 19 个国家的空军都曾使用过这种战机。到一战停战协定签订时，总共有 8472 架飞机生产制造出来。另外还有 10000 架飞机的订单最终被取消。

福克 Dr.I 战斗机

1917—1918 年

斯帕德 S.XIII 战斗机

机　　型	单座、单发、双机翼战斗机
结　　构	机身为木质框架结构，外部覆以纤维蒙皮
机　　翼	平直机翼的双翼布局
起落装置	前置固定双轮，带有尾橇
尺　　寸	翼展：27英尺1英寸（8.25米） 长度：20英尺6英寸（6.25米） 高度：8英尺6.5英寸（2.60米） 机翼面积：227平方英尺（21.10平方米）
重　　量	空载重量：1256磅（570千克） 最大起飞重量：1862磅（845千克）
动力装置	1台220马力西斯帕诺-苏扎8B 8缸活塞式发动机，双扇叶木质螺旋桨
性　　能	最大飞行速度：140英里/小时（225千米/小时） 实用升限：21815英尺（6650米） 爬升率：384英尺/分钟（2米/秒） 航程：236英里（380千米）
武器系统	2挺0.303口径（7.7毫米）维克斯机枪
乘　　员	1名

福克飞机公司早已用实践证明他们能够制造出卓越的战斗机,特别是其1916年制造的E.III单翼战斗机。然而,1917年2月索普威斯的三翼战斗机出现在战场之上,并且实战中的表现不论是速度、爬升性还是机动性,都要优于德国战斗机。因此,福克决定制造一种更加小巧的三翼战斗机。尽管1917年7月5日试飞的V4原型机存在诸多问题,但此后预生产的样机(最初的制式型号被定为F.I)实战评估的结果却还算不错。飞机小巧且机动性极强,甚至可以说它的机动性过强,纵向上不稳定,很难驾驶,着陆过程中容易侧翻。并且它的速度不是很快,因此,除了一些非

这架史上最著名的俯冲轰炸机诞生于20世纪30年代初,样机型号为K47。当时的观点认为,轰炸机以俯冲的形式进行攻击能够更准确地命中目标,但是执行此类任务的战机需要经过特殊设计。容克JU87的雏形出现在1933年,当时的德国纳粹政府大力推动,希望能有一款飞机有效支援即将开始的"闪电战"。第一架原型机配备了英国的罗尔斯·罗伊斯"克斯特"(茶隼)发动机,在瑞典秘密制造,之后于1934年底

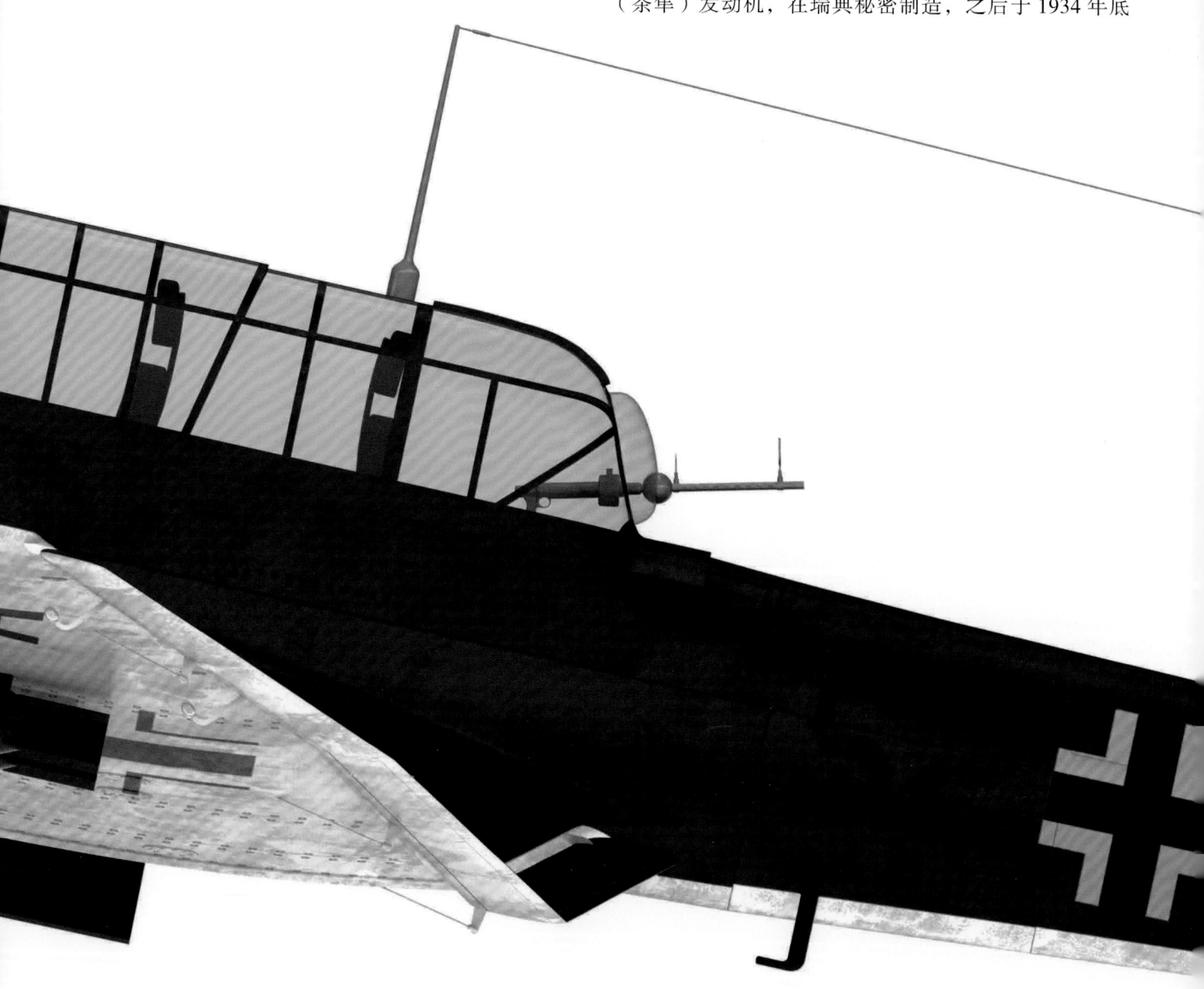

运回德国。原型机于1935年9月17日试飞,并且立刻表现出其设计上的出色。它拥有独特的反鸥翼型机翼和固定的起落架,更加坚固。容克87"斯图卡"("Stuka"这个名字是俯冲式战机的德语写法"Sturzkampfflugzeug"的简写)最终配备的是尤莫发动机,在1937年西班牙内战期间经历了战火的洗礼,向世人证明了它是一种致命的武器。此后,在1939—1940年德国发动的一系列战役中,它又为德军的胜利发挥了重要的作用。容克JU87唯一的缺陷就是飞行速度较慢且机动性能较差。在"不列颠之战"期间,英国皇家空军因为该型战机遭受了重大损失。从1943年起,容克87G型开始服役,装备1.46英寸(3.7厘米)反坦克加农炮,在德国的东线战场上发挥了非常重要的作用。到1944年8月为止,共生产"斯图卡"战机6500架。纳粹德国空军及轴心国各国空军一直使用该战机至第二次世界大战结束。

霍克"飓风"战斗机
1935—1947 年

容克 JU 87 B-2 "斯图卡" 俯冲轰炸机

机　型	单翼、单发、双座轰炸机
结　构	机身为金属结构
机　翼	悬臂式、下单翼、反鸥翼型机翼
起落装置	前置固定双轮，带有尾橇
尺　寸	翼展：45英尺3.3英寸（13.80米） 长度：36英尺1英寸（11.10米） 高度：13英尺10.5英寸（4.23米） 机翼面积：343.37平方英尺（31.90平方米）
重　量	空载重量：7086磅（3205千克） 最大起飞重量：11023磅（5000千克）
动力装置	1台1200马力容克尤莫211D 12缸活塞式发动机，三扇叶金属螺旋桨
性　能	最大飞行速度：242英里／小时（390千米／小时） 实用升限：26903英尺（8200米） 爬升率：1200英尺／分钟（6米／秒） 航程：491英里（790千米）
武器系统	前置2挺 0.313口径（7.92毫米）MG 17机枪，后置1挺 0.313口径（7.92毫米）MG 15机枪，最大可携带1543磅（700千克）炸弹
乘　员	2名

容克 JU 87 "斯图卡" 俯冲轰炸机

1935—1945 年

霍克飞机公司从1933年开始设计"飓风"战斗机，希望制造一种能够替代"狂怒"双翼机的新型现代战斗机。该项目计划制造一架带有收放式起落架和动力强劲的罗尔斯·罗伊斯"梅林"（灰背隼）直列发动机的单翼机。这架战机的性能远远超过了原来的双翼机。原型机于1935年11月6日试飞，立即就展现出非常好的预期效果，并且特别易于操控。因此，英国皇家空军一年内就订购了600架。英国皇家空军的这次快速增强实力的计划使其装备显著改良，到"不列颠之战"前夕，英国有大约32个飞行大队都在使用"飓风"战斗机。在与纳粹德国空军的较量中它们冲锋在前，击落德军60%的战机。到1941年底，由于其性能的局限性以及其金属和木质混合的机身结构，作为战斗截击机的"飓风"逐渐被其他战机超越。不过，在换装了新的机翼和更加重型的武器后，"飓风"成了一架优秀的歼击轰炸机，主要在地中海战区和太平洋战区遂行对地打击任务。"飓风"Mk.IID型战斗机加装了两门40毫米口径机炮，是携带武器最强的一个型号。后来还出现了用于航母的海军版"海飓风"舰载战斗机。截至1944年底，总共生产"飓风"战斗机14583架。其中还有部分是在加拿大和南斯拉夫授权生产的。全世界共有25个国家的空军使用过"飓风"战斗机。

霍克"飓风"Mk.IIC型战斗机

机　型	单座、单发、单翼战斗机
结　构	机身为金属和木质混合结构
机　翼	平直悬臂式下单翼
起落装置	两个可收放的前轮和一个尾轮
尺　寸	翼展：40英尺（12.19米） 长度：32英尺3英寸（9.84米） 高度：13英尺1.5英寸（4.00米） 机翼面积：257.5平方英尺（23.92平方米）
重　量	空载重量：5743磅（2605千克） 最大起飞重量：8710磅（3950千克）
动力装置	1台1185马力罗尔斯·罗伊斯"梅林"（灰背隼）XX 12缸活塞式发动机，三扇叶金属螺旋桨
性　能	最大飞行速度：340英里/小时（547千米/小时） 实用升限：36000英尺（10970米） 爬升率：2780英尺/分钟（14.1米/秒） 航程：600英里（965千米）
武器系统	4门20毫米口径西斯帕诺Mk.II机炮，2枚500磅炸弹
乘　员	1名

巴伐利亚飞机制造公司的主任设计师梅塞施密特在20世纪30年代初设计了Bf 109的飞机模型。它有很多创新之处，如机身的全金属外壳结构、收放式起落架、封闭式座舱、自动的前缘缝翼以及直列发动机。这些特征使其进入当时最为先进的战斗机行列。它的设计非常先进，甚至能够在接下来的十年中在保持最初基本配置的情况下，进行多次改进和改装，演变出多个更加强悍的改进型战机。V1原型机装备有690马力的"克斯特"（茶隼）发动机和双扇页螺旋桨，于1935年5月29日首飞。1936年，该原型机参加了纳粹德国空军为新型德国战斗机举行的设计竞赛。尽管存在一些问题以及不太容易操控的现象，它最终还是在竞赛中获胜。1937年，Bf 109A型开始批量生产，并随即被派往西班牙参与西班牙内战，同时为日后的进一步改进收集有用的信息。Bf 109E型主要在"不列颠之战"（1940年）期间使用，而更广泛使用的型号是装备有戴姆勒－奔驰DB605发动机的Bf 109G型。G系列于1942年获得作战能力，直到第二次世界大战结束为止，它的多个不同改型一直在遂行多样化的作战任务，包括空中遮断、空中优势、对地攻击和侦察任务等。

K-4是Bf 109系列最后的量产型战斗机，装备有2000马力的戴姆勒－奔驰DB605D发动机。战后，Bf 109以衍生型号的形式继续授权生产，在捷克斯洛伐克生产的更名为S.199，在西班牙西斯帕诺公司生产的更名为Ha-1112，装备罗尔斯·罗伊斯"梅林"（灰背隼）发动机。Bf 109总共生产了33984架，有15个国家的空军使用过该战斗机。

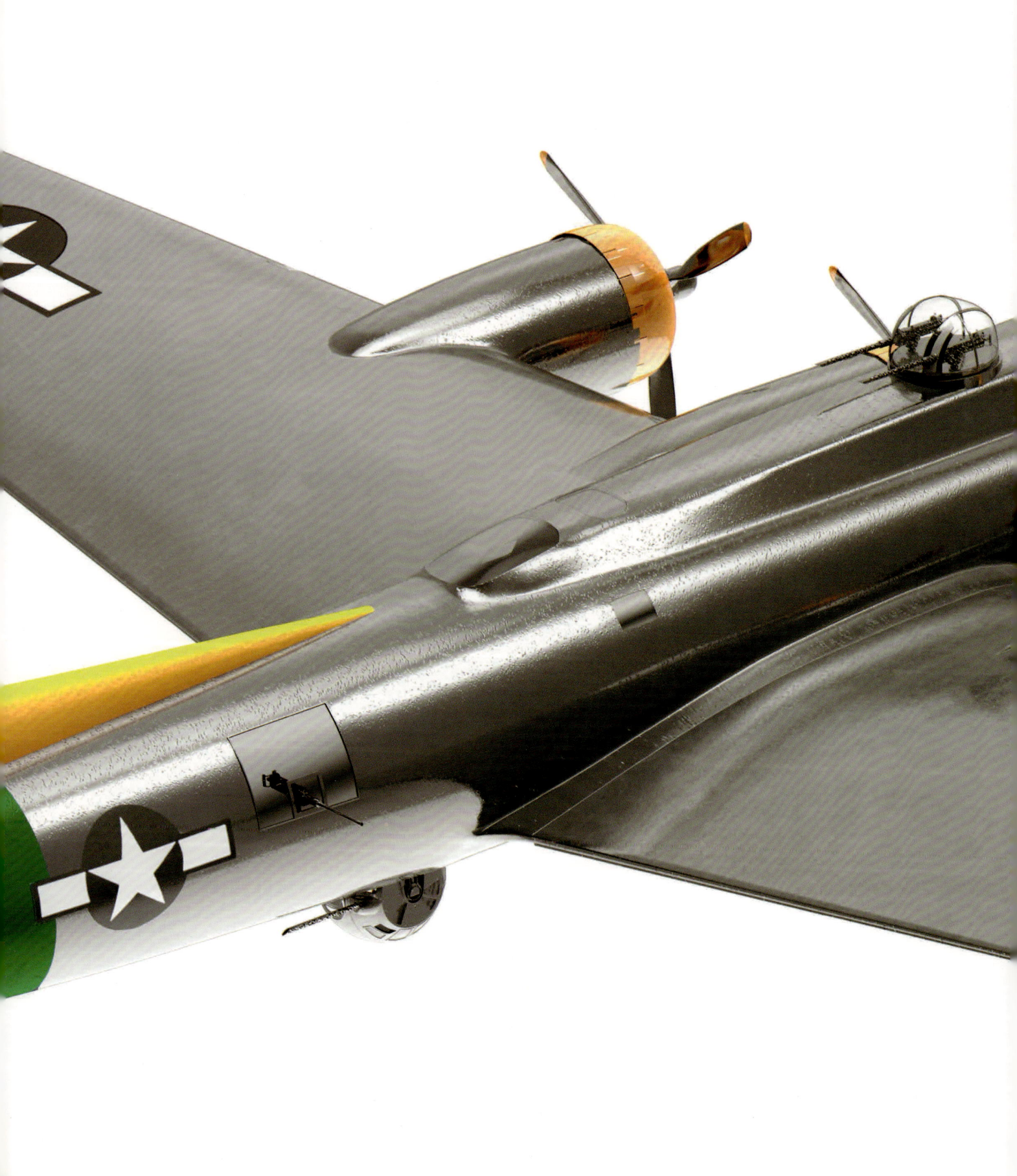

波音 B-17 "飞行堡垒" 轰炸机
1935—1968 年

梅塞施密特 Bf 109 战斗机

机　型	单座、单发、单翼战斗机
结　构	机身为金属结构
机　翼	平直悬臂式下单翼
起落装置	两个可收放的前轮和一个尾轮
尺　寸	翼展：32英尺6英寸（9.92米） 长度：29英尺7英寸（8.95米） 高度：8英尺2英寸（2.60米） 机翼面积：173.3平方英尺（16.05平方米）
重　量	空载重量：5893磅（2247千克） 最大起飞重量：7495磅（3400千克）
动力装置	1台1455马力戴姆勒-奔驰 DB605A-1 12缸活塞式发动机，三扇叶金属螺旋桨
性　能	最大飞行速度：398英里/小时（640千米/小时） 实用升限：39370英尺（12000米） 爬升率：3200英尺/分钟（17.00米/秒） 航程：528英里（850千米）
武器系统	1门20毫米口径MG 151/20 机炮，2挺0.51口径（13毫米）MG 131机枪，550磅（250千克）炸弹
乘　员	1名

梅塞施密特 Bf 109 战斗机
1935—1965 年

　　1934年美国陆军航空队举行了一次新型远程轰炸机的设计招标。波音公司带着它的299原型机参加了竞标，并于1935年7月28日进行了首飞。由于该原型机在一次飞行事故中坠毁，无法完成测试评估，而不得不在竞标中被淘汰。但是，这款战机在当时实在是极具创新性和先进性，美国陆军航空队还是在1936年1月购买了13架试生产型号的YB-17用于进行比较试验。波音299型原型机为全金属机身，带有收放式起落架，巨大的机翼上带有四个先进的动力装置和重型防御性武器。

　　这些特性很快便使其获得了"飞行堡垒"的绰号。它的性能指标非常优异，其最大速度仅比同时期的战斗机慢一点点。该型战机从1939年开始在美国陆军航空队服役，但大批量生产却是从1941年12月7日美国正式参战后才开始的，生产型号为B-17F。1941年，英国皇家空军首先在实战中使用该战机。而美国陆军航空队则是从1942年8月轰炸纳粹德国时才开始使用该战机。刚开始，美国人认为他们可以不依靠战斗机护航单独使用B-17轰炸机，但惨重的损失很快就改变了他们的想法。但是，不管怎样说，B-17轰炸机还是肩负了二战期间欧洲战场大部分的日间轰炸任务，以580000吨炸弹的投弹量在战胜纳粹德国的斗争中发挥了决定性作用。到1945年为止，共生产B-17轰炸机12731架，其中仅1943年8月生产的G型就有8680架。

　　第二次世界大战结束后，直到20世纪60年代，仍有24个国家使用该型飞机，其中还有部分用于民用。

波音 B-17G "飞行堡垒"轰炸机

机　　型	单翼、四发轰炸机
结　　构	机身为金属结构
机　　翼	平直悬臂式中单翼
起落装置	两个可收放的前轮和一个尾轮
尺　　寸	翼展：103英尺9英寸（31.62米） 长度：74英尺4英寸（22.66米） 高度：19英尺1英寸（5.82米） 机翼面积：1420平方英尺（131.92平方米）
重　　量	空载重量：36135磅（16391千克） 最大起飞重量：65500磅（29710千克）
动力装置	4台1200马力赖特R-1820-97"旋风"涡轮增压星型发动机，三扇叶金属螺旋桨
性　　能	最大飞行速度：287英里/小时（462千米/小时） 实用升限：35600英尺（10850米） 爬升率：1024英尺/分钟（4.6米/秒） 航程：2000英里（3220千米）
武器系统	13挺0.50口径（12.7毫米）勃朗宁M2重机枪，最大可携带17600磅（7980千克）炸弹
乘　　员	10名

术上的迅速发展很快就让"零"式成了过时的设计，而日本的工业部门却无法制造出更强大、武器更先进的战机。无装甲防护和未安装自封闭油箱的缺陷，使得"零"式在面对敌人火力时变得十分脆弱。

尽管如此，它仍然是二战期间日本生产数量最多的战机（10934架），并且一直服役至战争结束，后期主要用于执行"神风特攻队"的自杀性攻击任务。

A6M 在 20 世纪 30 年代末期出现，主要是为了取代日本海军的 A5M 舰载战斗机。该型战斗机被日本军方定名为"零"式舰载战斗机（因其开始服役的那一年正是日本皇纪 2600 年，最后两位都是零而得名），简称"零"式。

相对来说，新机型明显要更加现代，其主要特点包括：带有收放式起落架，复杂的空气动力学设计，以及更加强劲的发动机。原型机于 1939 年 4 月 1 日首飞，之后加装了经过改进的发动机，1940 年 7 月开始量产。当时，由于其超轻的机身构造，使其在机动性能、爬升率和航程等方面都具有得天独厚的优势。

盟军也只是在引入了新的战术和更好的战机之后，才开始与日军在同一起跑线上作战。美国工业部门在技

三菱 A6M "零"式战斗机
1939—1945 年

超级马林"喷火"Mk. Vb战斗机

机　型	单座、单发、单翼战斗机
结　构	机身为金属结构
机　翼	悬臂式下单翼
起落装置	两个可收放的前轮和一个尾轮
尺　寸	翼展：36英尺10英寸（11.23米） 长度：29英尺11英寸（9.12米） 高度：11英尺5英寸（3.86米） 机翼面积：242.1平方英尺（22.48平方米）
重　量	空载重量：5065磅（2297千克） 最大起飞重量：6699磅（3039千克）
动力装置	1台1470马力罗尔斯·罗伊斯"梅林"（灰背隼）45 12缸涡轮增压活塞式发动机，三扇叶金属螺旋桨
性　能	最大飞行速度：370英里/小时（595千米/小时） 实用升限：36500英尺（11125米） 爬升率：2600英尺/分钟（13.2米/秒） 航程：470英里（756千米）
武器系统	2门20毫米口径西斯帕诺Mk.II机炮，4挺0.313口径（7.7毫米）勃朗宁机枪（B型翼）
乘　员	1名

休泼马林"喷火"战斗机
1936—1961 年

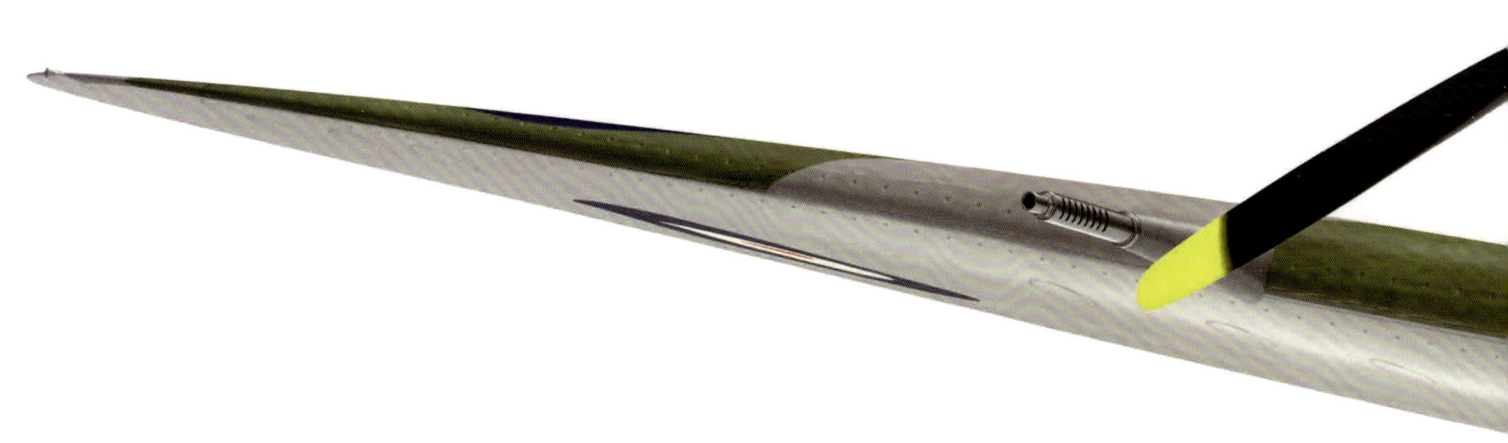

  毫无疑问,"喷火"战斗机可以算得上是航空史上最著名也是最成功的战斗机之一。其原型机于1935年3月5日进行了首飞,并且当即被认定为一款真正具有创新意义的先进战机。"喷火"战斗机的机身为全金属构造,使用罗尔斯·罗伊斯"梅林"(灰背隼)活塞式发动机。机翼采用椭圆平面形状,表面积很大,而机翼横截面很窄,以便实现高速飞行。

  "喷火"战斗机从1938年开始服役,尽管并不容易操控,却远远超越了英国皇家空军的另外一型战斗机"飓风"。鉴于其优异的性能,"喷火"战斗机中队在"不列颠之战"期间大多被指派针对德军战斗机的空中遮断任务。1940年之后,这款被人们亲切地称为"小喷火"的战斗机已经遍布第二次世界大战的所有战场。几十种经过改进、性能更加优越的不同型号战斗机相继被推出,用于空中优势、进攻和侦察等任务。此外还出现了海军改型的"海喷火"战斗机。从1942年开始采用马力更加强劲的罗尔斯·罗伊斯"格里芬"(狮鹫兽)发动机。之后的改型中又加上了五扇页螺旋桨,使战机在水平飞行时速度能够超过400英里/小时(640千米/小时)。

  生产数量最多的型号是Mk.V,达到6487架。"喷火"战斗机的生产总量为20351架,被30多个国家使用。最后一批直到20世纪60年代才退出现役。

三菱 A6M2 战斗机

机　　型	单座、单发、单翼战斗机
结　　构	机身为金属结构
机　　翼	平直悬臂式下单翼
起落装置	两个可收放的前轮和一个尾轮

尺　　寸	翼展：39英尺4英寸（12.00米） 长度：29英尺8英寸（9.06米） 高度：10英尺（3.05米） 机翼面积：241.5平方英尺（22.44平方米）
重　　量	空载重量：3704磅（1680千克） 最大起飞重量：5313磅（2410千克）
动力装置	1台950马力中岛"荣"12星型活塞式发动机，三扇叶金属螺旋桨
性　　能	最大飞行速度：331英里/小时（533千米/小时） 实用升限：32810英尺（10000米） 爬升率：3100英尺/分钟（15.70米/秒） 航程：746英里（1200千米）
武器系统	2门20毫米口径99-1式机炮，2挺0.303口径（7.7毫米）97式机枪
乘　　员	1名

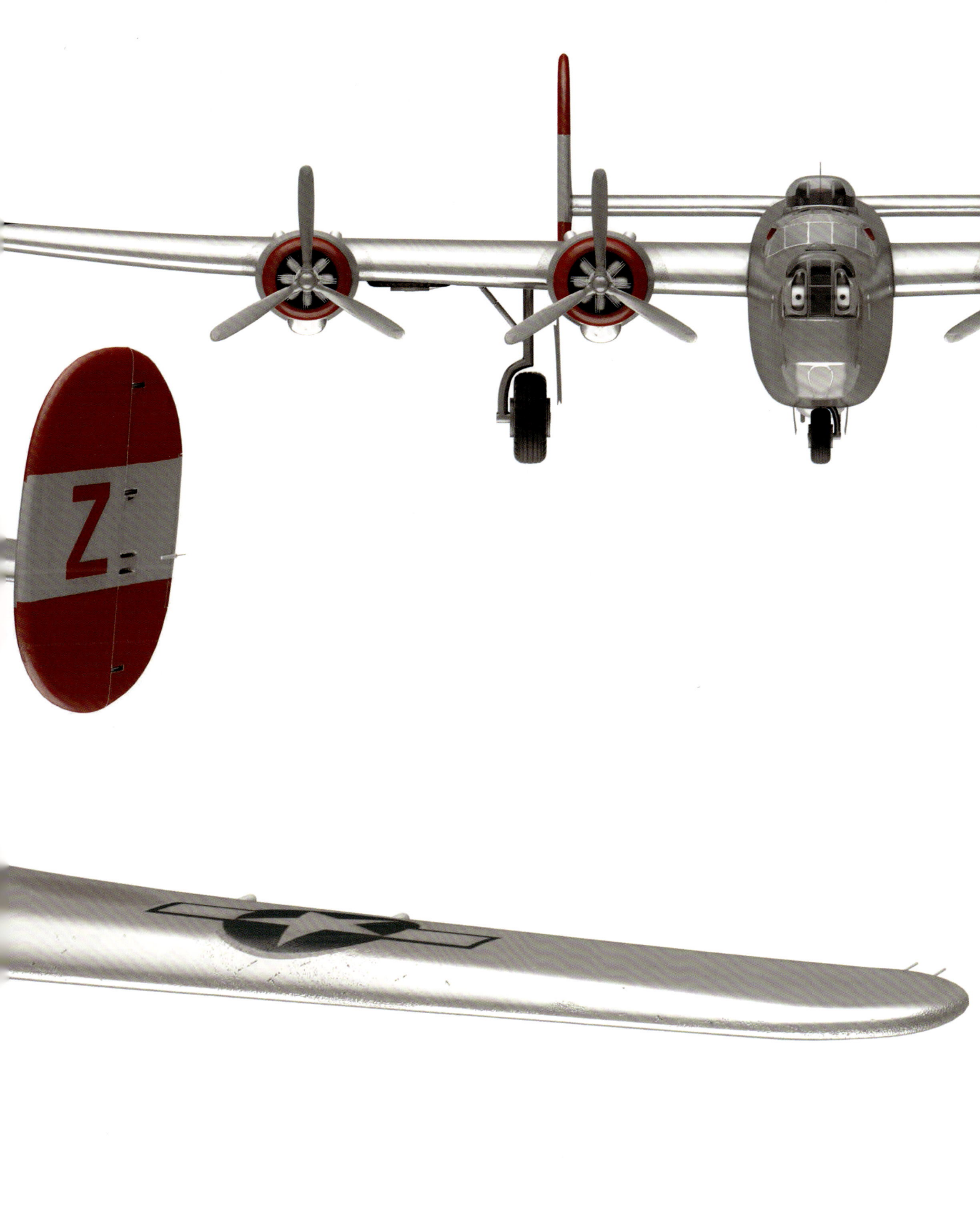

20世纪30年代初,苏联空军同样感觉到他们迫切需要一架强悍有力的对地攻击飞机,能够为地面部队提供持续不断的支援。TsKB-55原型机于1939年10月2日首飞,是一种坚固的双座攻击机。战机以重型装甲覆盖座舱以及发动机、冷却器、油箱等主要机载系统。但是飞机的动力不足。直至1940年,米库林AM-38型发动机出现,才使其有了合适的动力装置,设计出TsKB-57单座机。1941年官方飞行测试结束之后被军方采纳,正式命名为伊尔-2型。由于德国的猛烈攻势,工厂必须向乌拉尔山脉以东转移,该型飞机最初生产的数量并不多。1942年10月开始生产改装型号伊尔-2M。这是一种加装了用于防御的后座的双座机,这一改进确保了该型战机能够大获成功,不论从作战能力上看还是从生产规模上看,都很成功。截至1943年,伊尔-2已经全面部署于苏联空军各航空兵部队。很快它便成为德国陆军的灭顶之灾。直到1945年,共生产"斯图莫维克"36183架。它的后续衍生机型包括伊尔-8和伊尔-10,后者装备有强劲的2000马力发动机和重型装甲。伊尔-10的产量为21966架,生产一直持续至战后。

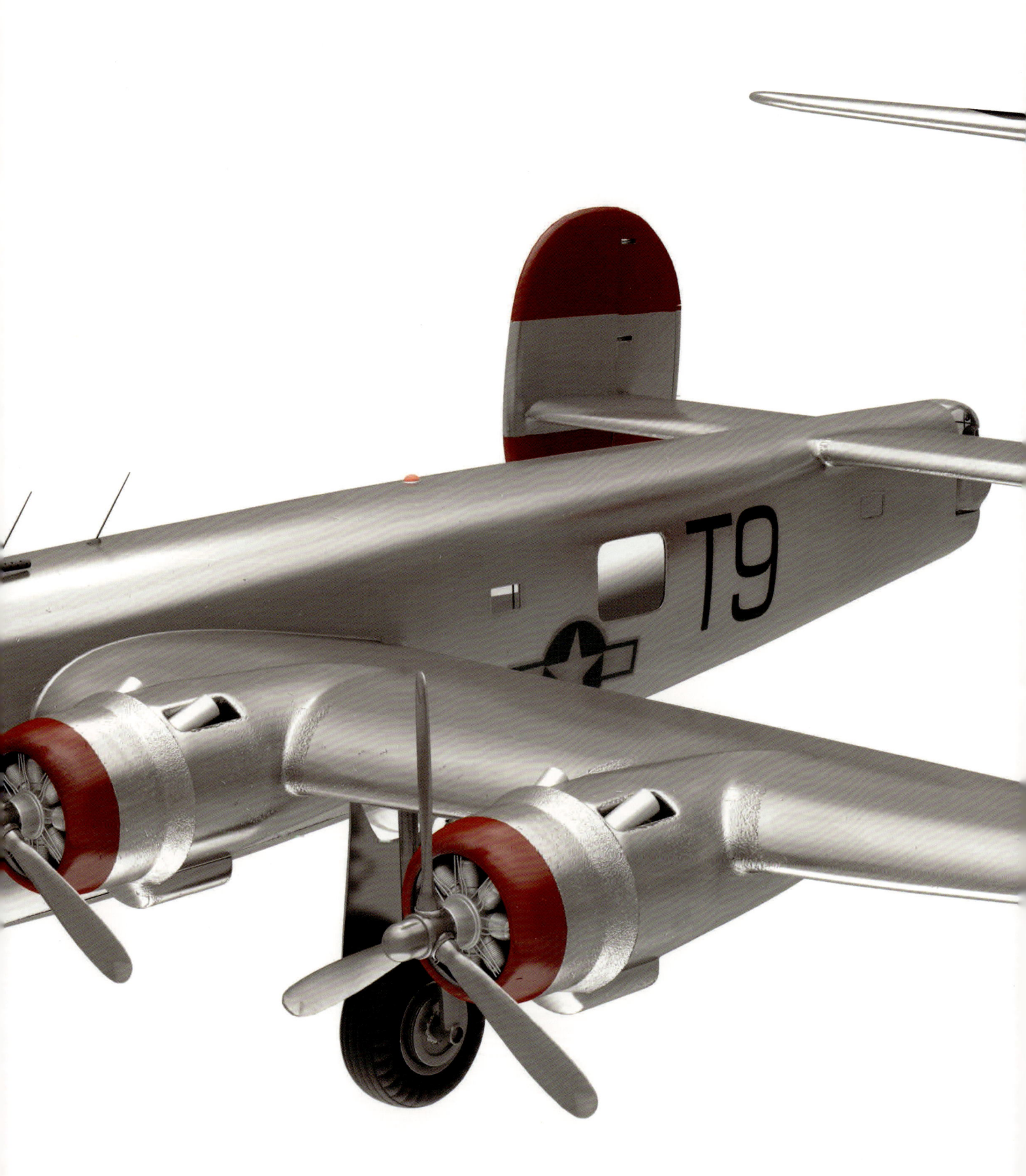

联合 B-24 "解放者" 轰炸机
1939—1968 年

伊留申 伊尔-2M3 "斯图莫维克" 对地攻击机

机　型	单翼、单发、双座轰炸机
结　构	机身为金属结构
机　翼	平直悬臂式下单翼
起落装置	两个可收放的前轮和一个尾轮
尺　寸	翼展：47英尺11英寸（14.60米） 长度：38英尺1英寸（11.60米） 高度：13英尺9英寸（4.20米） 机翼面积：414平方英尺（38.50平方米）
重　量	空载重量：9612磅（4360千克） 最大起飞重量：13580磅（6160千克）
动力装置	1台1720马力米库林AM-38 液冷机械增压12缸发动机，三扇叶金属螺旋桨
性　能	最大飞行速度：257英里/小时（414千米/小时） 实用升限：18045英尺（5500米） 爬升率：2047英尺/分钟（10.4米/秒） 航程：450英里（720千米）
武器系统	2门0.9口径（23毫米）VYa-23机炮，2挺0.30口径（7.62毫米）ShKAS机枪，后座配1挺0.50口径（12.7毫米）别列津UBT机枪，最大可携带1320磅（600千克）炸弹和反坦克火箭弹
乘　员	2名

伊留申伊尔-2"斯图莫维克"对地攻击机

1939—1954 年

  "解放者"轰炸机的出现最早可追溯至1938年，当时的联合飞机制造公司不想替波音公司生产B-17轰炸机，而希望推出自己设计的重型轰炸机。它们当时的想法是，制造一种相较于B-17航程更远、速度更快、升限更高的轰炸机。原型机XB-24于1939年12月29日首飞，即使设计并不深奥，但在当时仍被看作一个创新。飞机机翼的翼展很大，机身中段有两个弹舱，并且首次使用了前三点式起落架。很快，英国皇家空军和法国空军纷纷开始订购，甚至超过了美国陆军航空队的订购数量。1940年法国沦陷后，法国空军所订购的战机由英国皇家空军接手。5个工厂开始同时量产，其中位于得克萨斯州沃斯堡市的飞机装配流水线就超过1英里长（约1610米）。1941年第一批战机开始在英国皇家空军服役，主要负责反潜作战巡逻任务。B-24轰炸机确实在性能上具有优势，但是却很难操控，并且不如B-17那样坚固耐用。美国陆军航空队也从1941年开始采购和使用该型战机，并将其部署在其全部战区。它在航程、速度和载荷方面的优势使其相比B-17成为太平洋战场的首选轰炸机。部分改装型号还被用于侦察、运输和电子战等任务。

  到1945年为止，B-24轰炸机的生产总量为19256架。该战机被16个国家的空军使用过，其中还包括印度，最后几架战机直到1968年才退役。

联合B-24J 轰炸机

机　　型	单翼、四发轰炸机
结　　构	机身为金属结构
机　　翼	平直悬臂式中单翼
起落装置	可收放、前三点式起落架
尺　　寸	翼展：110英尺9英寸（33.50米） 长度：67英尺8英寸（20.60米） 高度：18英尺（5.50米） 机翼面积：1048平方英尺（97.40平方米）
重　　量	空载重量：36500磅（16556千克） 最大起飞重量：65000磅（29500千克）
动力装置	4台1200马力普拉特·惠特尼R-1830-35涡轮增压星型发动机，三扇叶金属螺旋桨
性　　能	最大飞行速度：290英里/小时（467千米/小时） 实用升限：28000英尺（8500米） 爬升率：1025英尺/分钟（5.2米/秒） 航程：2100英里（3300千米）
武器系统	10挺0.50口径（12.7毫米）勃朗宁M2重机枪，最大可携带12787磅（5800千克）炸弹
乘　　员	11名

1937年，应英国皇家空军的要求，霍克公司设计了"台风"战斗机，作为一种能够替代"飓风"的截击机。设计说明书还要求在两种新型动力装置之间进行选择，因此，霍克公司设计了两个方案的原型机：使用罗尔斯·罗伊斯"秃鹰"（Vulture）发动机的"旋风"战斗机和使用纳皮尔"马刀"发动机的"台风"战斗机。后者展现出了最好的结果，并于1940年2月24日进行了首飞。然而，飞机的制造却受到了结构和机械等一系列问题的困扰。预期的高空作战性能需求总是无法令人满意，不过在低空作战时，"台风"还是一架非常优秀的战机。从1941年开始，"台风"被用来对抗德军的福克-沃尔夫FW 190战斗机。刚开始，战机遭遇了由于尾翼故障造成的结构性问题。一直到1942年大部分技术问题才最终得以解决。"台风"很快就被改装成歼击轰炸机，加装了强大的固定武器，并在机翼下方挂载炸弹和火箭弹。从1944年夏天的诺曼底战役开始，"台风"逐步奠定了其作为第二次世界大战期间最优秀对地攻击战斗机之一的坚实地位。"台风"战斗机总共生产了3317架，主要在英国皇家空军服役。战争结束后，它也随即结束了自己的历史使命，最后一架"台风"在1945年10月以后就不再飞行。在"台风"基础上改装的"暴风"战斗机一直服役至1951年。

　　该型著名的战斗机是德国福克－沃尔夫飞机制造厂在20世纪30年代后期设计的产物,当时的纳粹德国空军要求工业部门设计制造一种能够匹敌其他国家新生产战机的新型战斗机。这种新型战斗机的V1原型机的设计围绕着宝马公司开发的星型气冷式发动机(最初是139型发动机,之后是更加稳定可靠的801型发动机)展开。由于采用了非常复杂的气动整流罩,原型机不仅马力强劲,而且在速度上也是当时最快的。FW 190还被设计为一个坚固的火力平台,维修简便(即便是不太专业的人员也没有问题),易于操控(从临时赶筑的机场也能起降)。根据记录,战机于1939年6月1日首飞,1940年底开始量产。首先使用该型战斗机的是纳粹德国空军的第26战斗机联队。从1941年8月首次使用开始,FW 190A就用实际行动证明了它相对于"喷火"Mk.V的优势,特别是在中低空作战时的优势。随着战争的进行,配备星型发动机的FW 190F和G型主要负责对地攻击任务,而D型(加长机鼻)主要用于空中优势作战。D型于1942年10月首飞,装备有一台容克"尤莫"213型12缸液冷发动机,经过增压后最大可达2100马力。D型还采用了加压座舱,性能优化更适合高空作战,而在二战接近尾声时,它也被用作歼击轰炸机。FW 190各型号的生产总量超过20000架。

霍克"台风"战斗机
1940—1945 年

福克-沃尔夫 FW 190A-8 战斗机

机　　型	单座、单发、单翼战斗机
结　　构	机身为金属结构
机　　翼	平直悬臂式下单翼
起落装置	两个可收放的前轮和一个尾轮
尺　　寸	翼展：34英尺5英寸（10.51米） 长度：29英尺5英寸（9.00米） 高度：13英尺（3.96米） 机翼面积：196.99平方英尺（18.30平方米）
重　　量	空载重量：7060磅（3202千克） 最大起飞重量：10800磅（4900千克）
动力装置	1台1700马力BMW801D-2 14缸活塞式星型发动机，三扇叶金属螺旋桨
性　　能	最大飞行速度：408英里/小时（656千米/小时） 实用升限：37430英尺（11410米） 爬升率：2953英尺/分钟（15米/秒） 航程：500英里（800千米）
武器系统	1门20毫米口径MG151/20机炮，2挺0.51口径（13毫米）MG131机枪
乘　　员	1名

福克 - 沃尔夫 FW 190 战斗机

1939—1945 年

霍克"台风"Mk. Ib战斗机

机　　型	单座、单发、单翼战斗机
结　　构	机身为金属结构
机　　翼	平直悬臂式下单翼
起落装置	两个可收放的前轮和一个尾轮
尺　　寸	翼展：41英尺7英寸（12.67米） 长度：31英尺10.8英寸（9.73米） 高度：15英尺4英寸（4.66米） 机翼面积：279平方英尺（26平方米）
重　　量	空载重量：8840磅（4010千克） 最大起飞重量：13250磅（6010千克）
动力装置	1台2260马力纳皮尔"马刀"IIC H型24缸液冷发动机，四扇叶金属螺旋桨
性　　能	最大飞行速度：412英里/小时（663千米/小时） 实用升限：35200英尺（10729米） 爬升率：2740英尺/分钟（13.92米/秒） 航程：510英里（821千米）
武器系统	4门20毫米口径西斯帕诺Mk.II机炮，可携带2枚1000磅炸弹或8枚 RP-3 火箭弹
乘　　员	1名

之后，美国人用英国的罗尔斯·罗伊斯"梅林"（灰背隼）发动机取代了艾利森发动机。新的发动机彻底改变了飞机的性能。

美国陆军航空队立即接受了这型战机，并命名为P-51B，而英国皇家空军则称之为"野马"Mk.II。"野马"最好的型号是P-51D，采用泪滴形座舱罩。这就在之前经过改进已经提高了的远程、高效、机动性和可靠性等性能上又增加了极佳的视野这一特性。P-51成了当时遂行护航和空中优势作战任务的首选战机。二战结束后，美国空军一直使用该型战机至1956年。"野马"战斗机一共生产了15466架，被全世界29个国家的空军使用过，直到20世纪80年代才退役。

"海盗"被很多人誉为第二次世界大战期间最优秀的舰载战斗机，而且它从地面起飞的性能也同样卓越。这型战机的起源可以追溯至1938年，当时美国海军发布了一项需求，要求一款新型现代舰载战斗机。

原型机XF4U-1于1940年5月29日首飞。到同年的10月，其时速已经超过406英里（650千米）。从一开始，"海盗"战斗机就拥有许多鲜明的特征，包括其独特的反鸥翼型机翼、大马力星型发动机和巨大的起落架。该战机从1942年开始量产，但是刚开始由于前向可视性问题，以及发动机突然停转、不合适的起落架和尾钩等

问题，飞机没有办法在航空母舰上使用。

因此，该战机最先被部署到海军陆战队的地面基地。直到英国皇家海军解决了甲板上的操作问题之后，"海盗"才从1944年开始在美国海军的航母上服役。

该战机还被用作歼击轰炸机，主要作为夜间战斗机执行任务。截至1953年，总共生产"海盗"战斗机12571架，共计约30种不同型号。

有7个国家的空军使用过该战机，其中包括法国海军航空兵部队（主要在1956年苏伊士运河危机期间使用），洪都拉斯空军的该型战机退役时间最晚，为1979年。

P-51很可能算得上航空史上最优秀的活塞式战斗机,它是应英国政府的要求,由北美航空公司设计、用于对抗纳粹政权扩张的新型先进战斗机。第一架原型机的设计代号为NA-73X,于1940年10月26日首飞。很快就以其极为复杂的空气动力学而闻名。特别是它采用了一种新型的层流翼型,是由北美航空公司和美国国家航空咨询委员会(NACA)共同设计的,可以在高速飞行时减小阻力。机身为半硬壳式结构,全部由铝合金制成,以减轻重量。战机从1942年1月开始在英国皇家空军服役,英国人称之为"野马"Mk.I(美国人称之为P-51A)。

该型战机使用的艾利森发动机在超过11500英尺(3500米)的高空性能不佳,因此,新战机被重新指派了侦察和对地攻击任务。

北美 P-51 "野马" 战斗机

1940—1984 年

沃特 F4U-4 "海盗"舰载战斗机

机　型	单座、单发、单翼战斗机
结　构	机身为金属结构
机　翼	平直悬臂式下单翼
起落装置	两个可收放的前轮和一个尾轮
尺　寸	翼展：41英尺（12.50米） 长度：33英尺8英寸（10.20米） 高度：14英尺9英寸（4.50米） 机翼面积：314平方英尺（29.17平方米）
重　量	空载重量：9205磅（4175千克） 最大起飞重量：13390磅（6074千克）
动力装置	1台2380马力普拉特·惠特尼 R-2800-18W 星型发动机，四扇叶金属螺旋桨
性　能	最大飞行速度：446英里/小时（717千米/小时） 实用升限：41500英尺（12649米） 爬升率：3878英尺/分钟（19.7米/秒） 航程：1005英里（1617千米）
武器系统	6挺0.50口径（12.7毫米）勃朗宁M2机枪，可携带4000磅（1814千克）炸弹或8枚5英寸口径（12.7厘米）火箭弹
乘　员	1名

沃特 F4U "海盗" 舰载战斗机
1940—1979 年

北美 P-51D "野马"战斗机

机　　型	单座、单发、单翼战斗机
结　　构	机身为金属结构
机　　翼	平直悬臂式下单翼
起落装置	两个可收放的前轮和一个尾轮
尺　　寸	翼展：37英尺1英寸（11.29米） 长度：32英尺3英寸（9.83米） 高度：13英尺4.5英寸（4.08米） 机翼面积：235平方英尺（21.83平方米）
重　　量	空载重量：7635磅（3463千克） 最大起飞重量：12100磅（5488千克）
动力装置	1台1720马力帕卡德 V-1650-V 12缸液冷涡轮增压发动机，四扇叶金属螺旋桨
性　　能	最大飞行速度：437英里/小时（703千米/小时） 实用升限：41900英尺（12800米） 爬升率：3200英尺/分钟（16.3米/秒） 航程：1650英里（2655千米）
武器系统	6挺0.50口径（12.7毫米）勃朗宁M2机枪，可携带4000磅（1814千克）炸弹或10枚5英寸口径（12.7厘米）火箭弹
乘　　员	1名

该型战机是历史上最重型、最强大的活塞动力战斗机。它最早可以追溯至1939年,当时大战一触即发,共和飞机公司一直在寻找一款性能更加出色的战斗机。在试制了多款原型机后,这家美国的飞机公司最终推出了XP-47B原型机,这是一款大型、全金属战机,采用马力非常强劲的普拉特·惠特尼R-2800"双黄蜂"18缸涡轮增压星型发动机,这个发动机也是F4U"海盗"战斗机所使用的。首架原型机于1941年5月6日首飞,尽管最初还存在一些问题,但其性能特征却令人印象深刻。"雷电"战斗机于1942年9月开始服役,刚开始主要负责遂行战斗机和轰炸机的护航任务,后来这项任务被P-51"野马"接替。

由于它极其坚固耐用,因此一直成功地被作为空中优势战斗机和对地攻击歼击轰炸机,直到战争结束。1944年的上半年,在为在欧洲战场发动大举进攻做准备期间,由美国人击落的德国战斗机数量有一半以上是由P-47完成的,而且P-47的飞行架次比其他所有美国战斗机加在一起还要多。

战争结束后,美国空军仍在继续使用该型战机,直到1953年。有20多个其他国家使用过该型战机,一直到20世纪70年代中期才退役。P-47各型号共生产15677架。

梅塞施密特 Me 262 战斗机
1941—1951 年

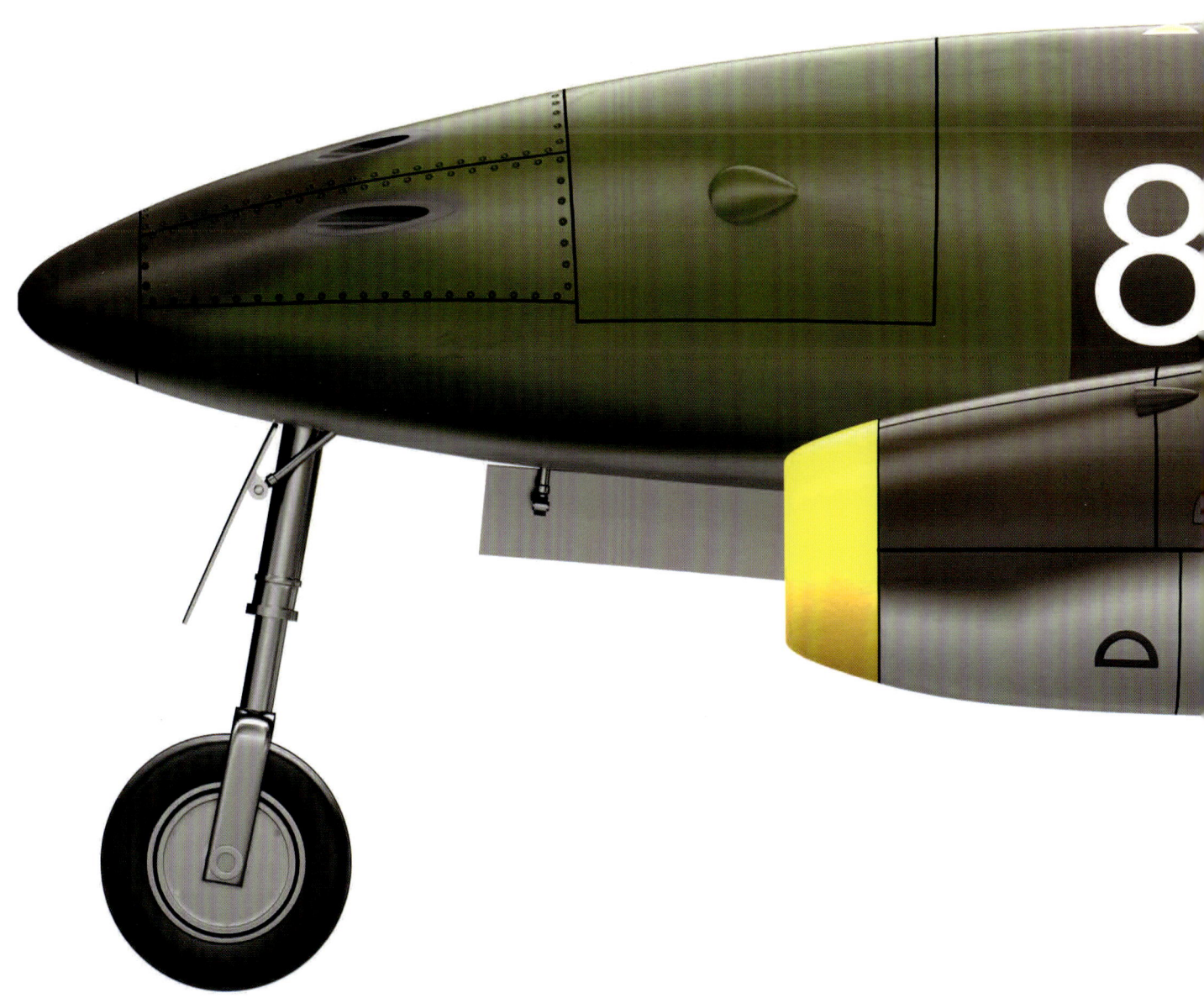

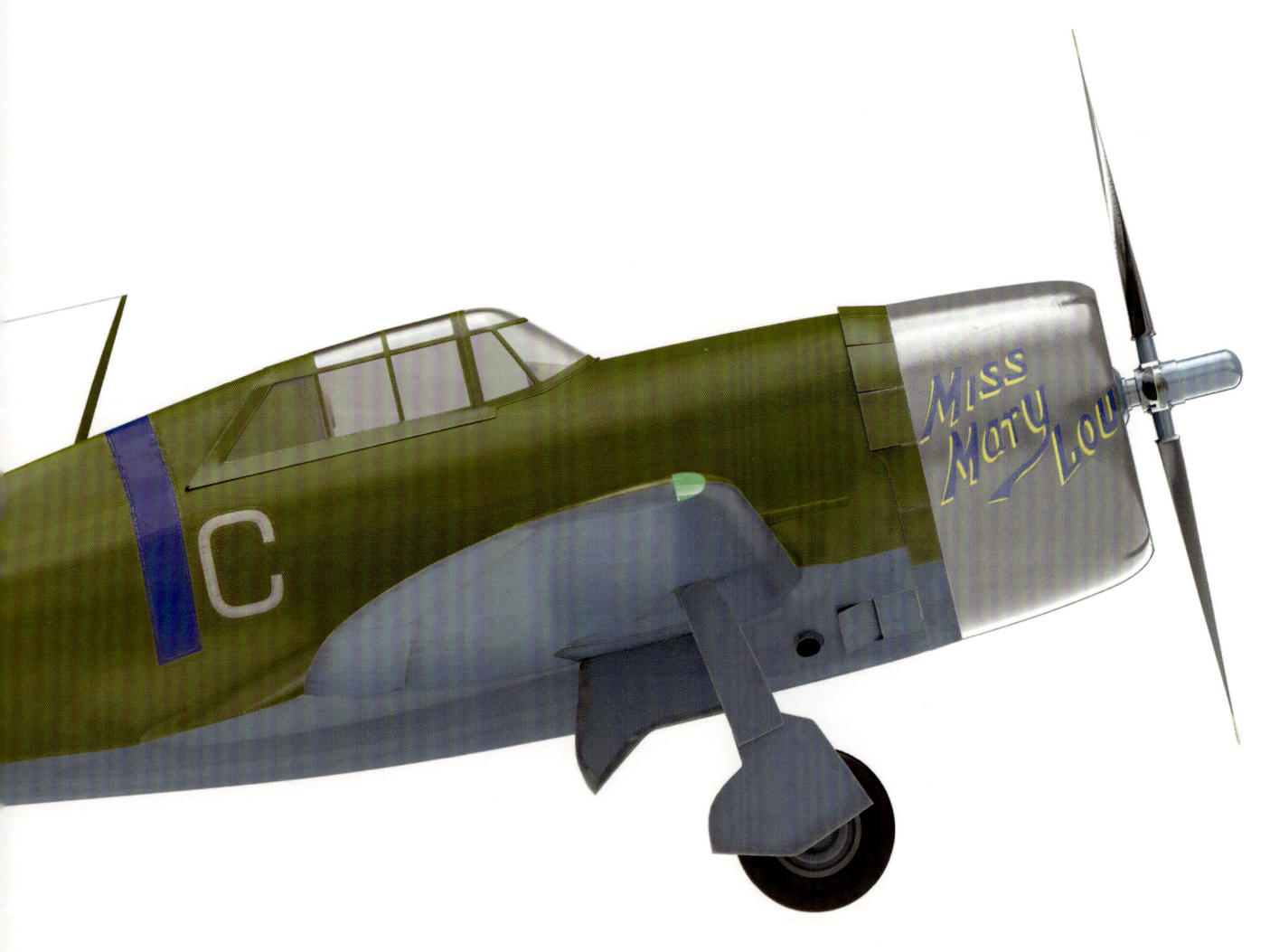

共和 P-47D "雷电" 战斗机

机　　型	单座、单发、单翼战斗机
结　　构	机身为金属结构
机　　翼	悬臂式下单翼
起落装置	两个可收放的前轮和一个尾轮
尺　　寸	翼展：40英尺9英寸（12.42米） 长度：36英尺1英寸（11.00米） 高度：14英尺8英寸（4.67米） 机翼面积：300平方英尺（27.87平方米）
重　　量	空载重量：10000磅（4536千克） 最大起飞重量：17500磅（7938千克）
动力装置	1台2600马力普拉特·惠特尼 R-2800-59B 涡轮增压星型发动机，四扇叶金属螺旋桨
性　　能	最大飞行速度：443英里/小时（713千米/小时） 实用升限：43000英尺（13100米） 爬升率：3180英尺/分钟（16.15米/秒） 航程：800英里（1290千米）
武器系统	8挺0.50口径（12.7毫米）勃朗宁M2机枪，可携带2500磅（1134千克）炸弹或10枚5英寸口径（12.7厘米）火箭弹
乘　　员	1名

共和 P-47"雷电"战斗机

1941—1966 年

梅塞施密特 Me 262a-1a 战斗机

机　型	单座、单翼、双发喷气战斗机
结　构	机身为金属结构
机　翼	悬臂式下单翼、后掠翼
起落装置	前三点式可收放起落架
尺　寸	翼展：41英尺6英寸（12.65米） 长度：34英尺9英寸（10.60米） 高度：11英尺6英寸（3.50米） 机翼面积：234平方英尺（21.74平方米）
重　量	空载重量：8366磅（3795千克） 最大起飞重量：15720磅（7130千克）
动力装置	2台容克"尤莫" 004 B-1 涡轮喷气发动机，每台推力为1980磅力（8.8千牛）
性　能	最大飞行速度：559英里/小时（900千米/小时） 实用升限：37565英尺（11450米） 爬升率：3900英尺/分钟（20米/秒） 航程：652英里（1050千米）
武器系统	4门1.18口径(30毫米)西斯帕诺MK108机炮，可携带2枚550磅(250千克)炸弹
乘　员	1名

　　Me 262"飞燕"是第一架投入实战的喷气式战斗机，因此在航空发展史上具有特殊地位。该型战斗机在第二次世界大战爆发之前就开始进行设计，但是由于一直没有制造出合适的发动机，生产被一再延期，无法完成。因此，第一架原型机于1941年4月18日才得以首飞，而且是临时在机鼻上安装了一个活塞发动机来驱动飞机。1942年7月18日，在使用了容克"尤莫" 004型喷气发动机之后，Me 262才在真正意义上开始飞行。战机为全金属结构，其空气动力学设计非常简洁高效。它的发动机分别挂载在两个机翼下方，便于战机的机动。一对前缘后掠18.5度的机翼，主要是为了改善飞机重心的位置。然而，经过这次前景无限光明的处子秀之后，Me 262项目却没有被列为一项优先发展的任务。事实上，1943年，希特勒甚至决定将其作为歼击轰炸机使用，而不是作为一架截击机。Me 262于1944年4月才开始在战争中服役，被部署在一个初始作战评估大队，也就是位于巴伐利亚列希菲德的第262试飞队。

　　Me 262作为一架战斗机的性能非常优异，但是在起飞和降落等低速飞行阶段却显得十分脆弱。该型战机总共生产了1430架，包括双座教练机和一型夜间战斗机。由于飞机数量太少，寄希望于依靠它改变战争进程基本是不可能的。战争结束后，捷克斯洛伐克仍在继续使用少量262改装型战机，如单座S-92和双座CS-92。

的寿命缩短至仅有 2—3 个飞行架次。此外，飞机的机身还是通用型的，可以加装不同类型的机翼、发动机和武器装备。可以说，雅克-9 不仅是一架用于空中作战的战斗机，也是用于对地攻击的战斗轰炸机。该型战机的生产一直持续至 1948 年，共生产 16769 架，是苏联生产数量最多的战斗机。苏联及其盟国在战后仍然继续使用雅克-9 战斗机，一直到 20 世纪 50 年代末期。在朝鲜战争期间，朝鲜也使用该战机作为战斗轰炸机。

这架性能卓越的英国轰炸机的前身应该算是一个不太幸运的计划，阿芙罗679"曼彻斯特"双发中型轰炸机，一直受到其罗尔斯·罗伊斯"秃鹰"（Vulture）发动机动力不足问题的困扰。阿芙罗公司原本打算保留"曼彻斯特"的机身和部分机翼，使用在"喷火"战斗机上已经采用的性能优异的"梅林"发动机，改装成一款四个发动机的重型轰炸机。这就是"兰开斯特"的诞生，它于1941年1月9日进行了首次飞行。从首飞开始，战机就展现出先进的性能。"兰开斯特"拥有重型防御性武器，配备四个防御型炮塔和10挺机枪。而且，它还拥有令人印象深刻的大航程，能够携带多种型号的炸弹，其中包括用于地下或装甲目标的大满贯炸弹（一种带有特殊设备的22000磅/9980千克炸弹），以及能够在水面上弹跳、专门用于攻击德国水坝的Upkeep弹跳炸弹（4000磅/1800千克）。该型战机从1942年开始用于实战，基本上都是用于对德国和占领区的夜间战略轰炸任务。1942年至1945年间，英国皇家空军的"兰开斯特"轰炸机共飞行156000架次，投掷炸弹618000吨。战机总产量7377架，被英国皇家空军和其他8个国家空军使用过。后来它还被用于侦察和海上巡逻任务。加拿大使用该型战机至1963年。

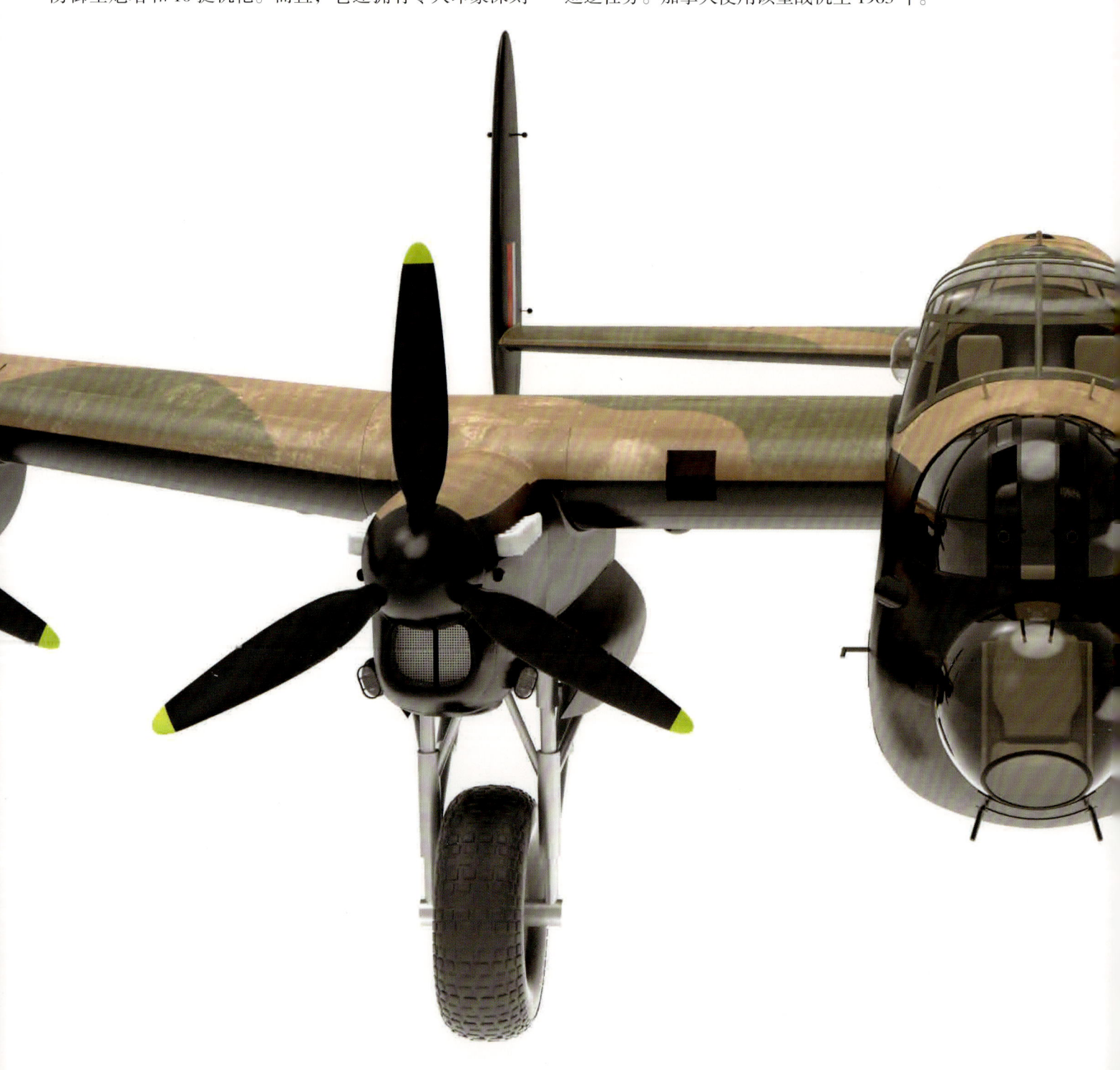

战争期间，雅克列夫设计局开发了三型性能优异的战斗机，雅克-1、雅克-3、雅克-7，总共生产了近20000架。根据实际作战的经验，又对雅克-7DI进行了改进升级。飞机使用了美国提供的硬铝，机身更加轻便。雅克-9的原型机于1942年夏天首飞，10月开始获得作战能力。作为一型战斗机，其机动性能极强，速度很快，特别是在低空飞行时，尽管配备的武器不是同一级别的，仍可以与德国的Bf 109G和Fw 190A相媲美。只不过，其发动机的可靠性不是特别好，因此刚开始时，飞行员被要求不得使用全功率，以避免把发动机

阿芙罗"兰开斯特"战略轰炸机
1941—1963 年

雅克列夫 雅克-9D 战斗机

机 型	单座、单发、单翼战斗机
结 构	机身为金属结构
机 翼	平直悬臂式下单翼
起落装置	两个可收放的前轮和一个尾轮
尺 寸	翼展：31英尺11英寸（9.73米） 长度：28英尺（8.53米） 高度：9英尺10英寸（3.00米） 机翼面积：185.1平方英尺（17.20平方米）
重 量	空载重量：5170磅（2345千克） 最大起飞重量：6834磅（3100千克）
动力装置	1台1180马力克里莫夫 M-105PF 12缸活塞发动机，三扇页金属螺旋桨
性 能	最大飞行速度：367英里/小时（591千米/小时） 实用升限：30000英尺（9100米） 爬升率：2690英尺/分钟（13.70米/秒） 航程：845英里（1360千米）
武器系统	1门20毫米口径ShVAK机炮，1挺0.50口径（12.7毫米）UBS机枪
乘 员	1名

雅克列夫 雅克-9 战斗机

1942—1959 年

阿芙罗"兰开斯特"Mk.I 战略轰炸机

机　型	四发单翼轰炸机
结　构	机身为金属结构
机　翼	平直悬臂式中单翼
起落装置	两个可收放的前轮和一个尾轮
尺　寸	翼展：102英尺（31.09米） 长度：69英尺4英寸（21.14米） 高度：20英尺6英寸（6.25米） 机翼面积：1297平方英尺（120.50平方米）
重　量	空载重量：36457磅（16537千克） 最大起飞重量：68000磅（30844千克）
动力装置	4台1280马力 罗尔斯·罗伊斯"梅林"（灰背隼）XX 12缸活塞发动机，三扇页金属螺旋桨
性　能	最大飞行速度：282英里/小时（454千米/小时） 实用升限：24598英尺（7500米） 爬升率：3200英尺/分钟（16.26米/秒） 航程：2529英里（4070千米）
武器系统	8挺0.303口径（7.7毫米）勃朗宁机枪，最多可携带14000磅（6350千克）炸弹
乘　员	7名

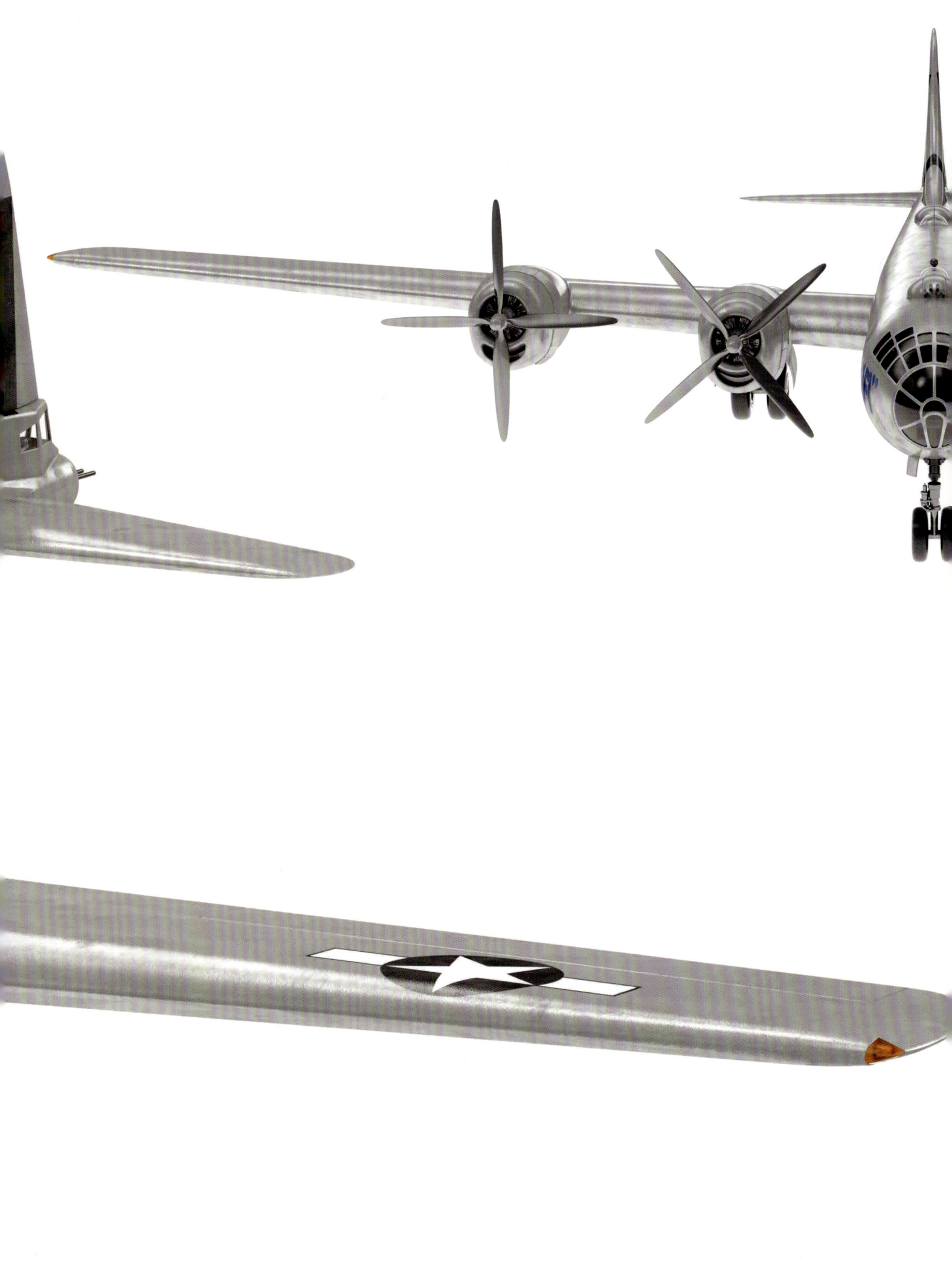

"佩刀"是第二次世界大战结束后出现的最出色的战斗机之一,也是生产数量最多的西方战斗机。研制项目从1944年开始进行,主要是为了给美国陆军航空队提供一款能够接替P-51"野马"的战斗机。XP-86验证机安装的是直翼,尽管美国海军将其改装为FJ-1"暴怒",但其性能还不足以引起美国空军的兴趣。

自从德国梅塞施密特Me 262的技术出现后,北美航空公司也能够设计出35度角的后掠翼,并获得了美国空军想要的性能。新的XP-86验证机于1947年10月1日首飞,并于两年后作为F-86A进入美国空军服役。该战机是当时唯一能够与对手米格-15相抗衡的西方战斗机。F-86A的改装型号很多,如E、F型加装了马力更加强劲的发动机和更大的"6-3"机翼。另一方面,F-86D型也与众不同,在机鼻部位加装了截击雷达、火控系统和多达24枚的航空火箭。F-86K型主要用于出口,没有过于复杂的系统,武器为20毫米机炮。

美国海军的改装版本为FJ-2"暴怒"。F-86战斗机总共生产了9860架,被30多个国家使用。其中最后一架军用版战机一直到1994年才从玻利维亚退役。

北美 F-86 "佩刀" 战斗机
1947—1994 年

　　B-29 轰炸机是波音公司根据美国陆军提出的需求而设计制造的一型新一代战略轰炸机，是波音系列轰炸机自然发展演变的产物。该款新型超级轰炸机的规格说明于 1939 年 12 月发布，波音公司于 1940 年 5 月提交了 345 型样机设计方案，并立即赢得了竞标。第一架原型机 XB-29 于 1942 年 9 月 21 日试飞。这架大型飞机拥有全增压座舱、可收放前三点式起落架、遥控式自卫武器等创纪录的特性。困扰 B-29 轰炸机的主要问题就是其 R-3355 新型发动机的性能不够可靠，容易起火。此后，经过重新修整和改进，使发动机最终具备了可靠性。由于技术发展的延误，战机于 1944 年 4 月才开始投送至太平洋战场的作战部队，这也是最能够充分利用其远程特性的理想地区。B-29 轰炸机在削弱日军战斗力和士气方面发挥了很大作用，而其最著名的战绩就是投掷核武器，这一任务由专门为"银盘计划"改造的 B-29 来执行。飞机卸载了几乎全部防御性武器，以减轻重量。被命名为"埃诺拉·盖伊"号的 B-29 轰炸机由保罗·W.提贝兹上校担任机长，于 1945 年 8 月 6 日向广岛投下了人类历史上的首枚原子弹。三天后，另一架 B-29 轰炸机"伯克之车"号向长崎投掷了第二颗原子弹。1943—1946 年间，美国共生产 B-29 轰炸机 3970 架，战后仍然继续使用。从 B-29 轰炸机又衍生出 B-50 轰炸机、KB-29 加油机和 KB-50 加油机，以及 C-97 运输机。

波音 B-29 "超级空中堡垒" 轰炸机

机　　型	单翼、四发轰炸机
结　　构	机身为金属结构
机　　翼	平直悬臂式中单翼
起落装置	可收放前三点式起落架
尺　　寸	翼展：141英尺3英寸（43.06米） 长度：99英尺（30.18米） 高度：8.45英尺（2.58米） 机翼面积：1736平方英尺（161.27平方米）
重　　量	空载重量：74500磅（33800千克） 最大起飞重量：133500磅（60554千克）
动力装置	4台2200马力赖特 R-3350-23 涡轮增压星型发动机，四扇叶金属螺旋桨
性　　能	最大飞行速度：357英里/小时（574千米/小时） 实用升限：31850英尺（9710米） 爬升率：1024英尺/分钟（5.2米/秒） 航程：3250英里（5230千米）
武器系统	2门 M2 20毫米口径机炮，10挺0.50口径（12.7毫米）勃朗宁M2重机枪，最大可携带20000磅（9072千克）炸弹
乘　　员	11名

波音 B-29 "超级空中堡垒" 轰炸机
1942—1960 年

北美 F-86F 战斗机

机 型	单座、单发、单翼战斗机
结 构	机身为金属结构
机 翼	悬臂式下单翼、后掠翼
起落装置	可收放前三点式起落架
尺 寸	翼展：37 英尺（11.3 米）
	长度：37 英尺 1 英寸（11.4 米）
	高度：14 英尺 1 英寸（4.3 米）
	机翼面积：313.4 平方英尺（29.11 平方米）
重 量	空载重量：11125 磅（5046 千克）
	最大起飞重量：18152 磅（8324 千克）
动力装置	1 台通用电气 J47-GE-27 涡轮喷气发动机，推力为 5910 磅力（26.3 千牛）
性 能	最大飞行速度：684 英里/小时（1100 千米/小时）
	实用升限：49600 英尺（15100 米）
	爬升率：9000 英尺/分钟（45.71 米/秒）
	航程：1525 英里（2454 千米）
武器系统	6 挺 0.50 口径（12.7 毫米）勃朗宁 M3 机枪，载荷（包括导弹、炸弹和燃料）5300 磅（2400 千克）
乘 员	1 名

1946年，波音公司赢得了美国陆军航空队的一项研发新型大型战略轰炸机的竞标。第一版设计（462型样机）采用了直翼和6台涡轮螺旋桨发动机的推进装置。但是，那些年在空气动力学和发动机领域的飞速发展很快就推翻了最初的设计。最后的原型机YB-52主要是受到新的B-47轰炸机的启发。战机使用了大展弦比后掠翼和8台J57喷气发动机，于1952年4月15日首飞。生产型号B-52B从1955年初开始服役，替代了B-36轰炸机。生产数量最多的"同温层堡垒"是B-52D（1956—1958年间生产了170架）和B-52G（1959—1961年间生产了193架）。战机于1962年停产，共生产744架。B-52轰炸机主要是作为洲际核轰炸机而设计的，但幸运的是，它这项任务的作战运用仅限于和平时期的演习演练。

越南战争开始后，1964年至1972年间，B-52轰炸机作为常规轰炸机还遂行了许多其他任务，大约有80架战机在越南战场上空作战。实践证明，B-52轰炸机是一型特别坚固可靠的战机，在各种冲突中都能胜利完成任务，包括在伊拉克和阿富汗。目前美国空军仍有两个飞行联队在使用配备了涡轮风扇发动机的B-52H轰炸机，而且短时间内不会退役。

波音 B-52 "同温层堡垒"轰炸机
1952 年至今

米高扬-古列维奇 米格-15BIS 战斗机

机　　型	单座、单发、单翼战斗机
结　　构	机身为金属结构
机　　翼	悬臂式中单翼、后掠翼
起落装置	可收放前三点式起落架

尺　　寸	翼展：33 英尺 1 英寸（10.08 米）
	长度：33 英尺 1 英寸（10.08 米）
	高度：12 英尺 2 英寸（3.70 米）
	机翼面积：222 平方英尺（20.60 平方米）
重　　量	空载重量：8003 磅（3630 千克）
	最大起飞重量：13459 磅（6105 千克）
动力装置	1 台克里莫夫 VK-1 涡轮喷气发动机，推力为 6000 磅力（26.5 千牛）
性　　能	最大飞行速度：659 英里/小时（1060 千米/小时）
	实用升限：50853 英尺（15500 米）
	爬升率：10039 英尺/分钟（51.00 米/秒）
	航程：771 英里（1240 千米），机翼可挂载副油箱
武器系统	1 门 1.5 口径（37 毫米）"努德尔曼" N-37 机炮，2 门 0.906 口径（23 毫米）NR-23 机炮，最多可携带 440 磅（200 千克）炮弹或火箭弹
乘　　员	1 名

米高扬 - 古列维奇
米格 -15 战斗机
1947 年至今

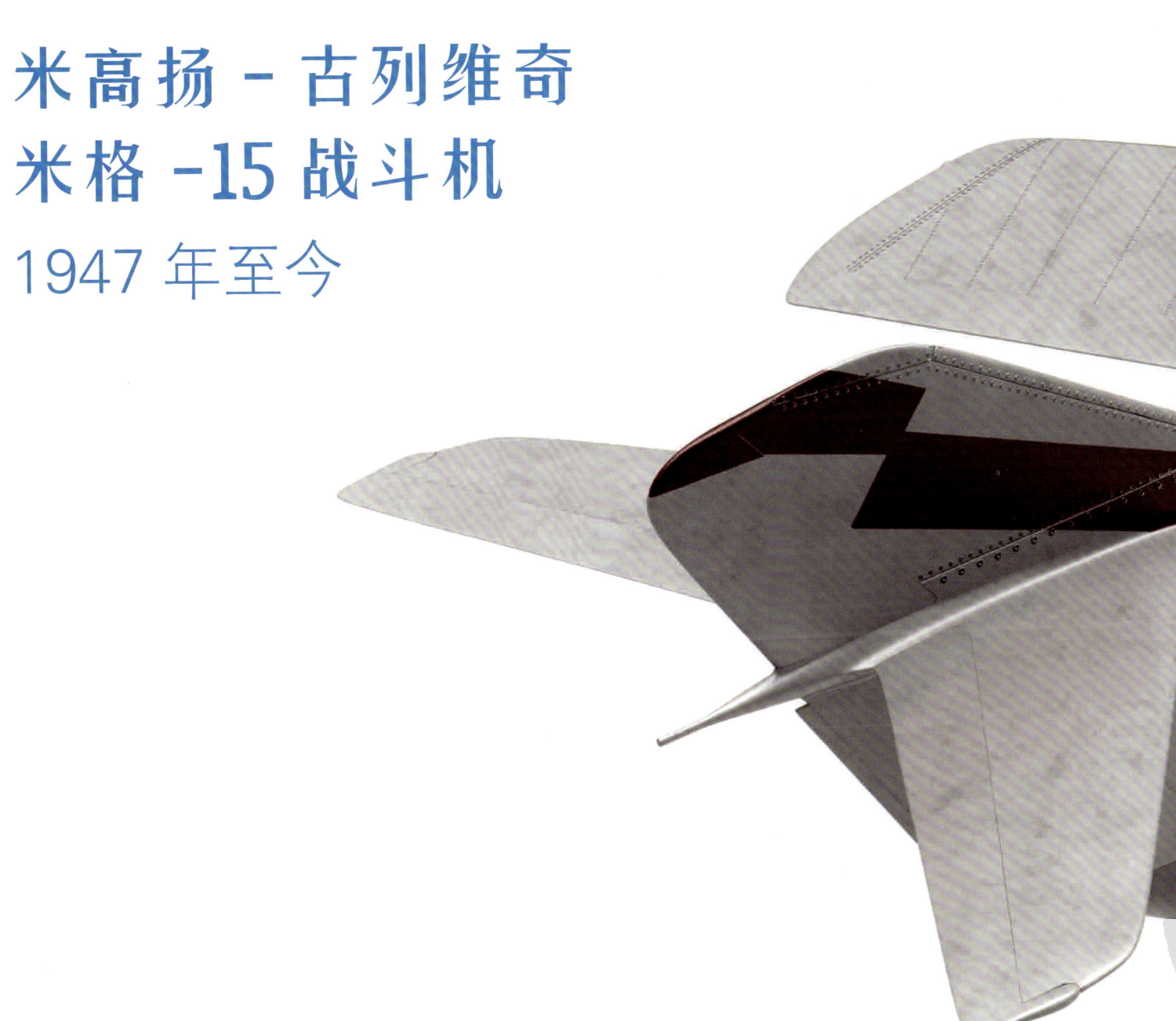

苏联设计的首批喷气式战机或多或少受到了苏军缴获的纳粹德国战机的技术影响，特别是在发动机和空气动力学方面。毋庸置疑，这些设计中最好的当数1947 年 12 月 30 日首飞的米格 –15。这型亚音速战机采用了小角度后掠翼设计，但最重要的是它使用了一种简单而又可靠的发动机，那是当时苏联仍然无法制造出来的罗尔斯·罗伊斯的"尼恩"（夏威夷雁）发动机。苏联得以解决这一技术难题多亏了英国工党政府出人意料的合作意愿，同意向苏联转让这种动力装置的部分样品，以及相关的技术设计图，这才有了原型机 I–310 的设计。战机融合了米格 –9 的机身、后掠的机翼和尾翼、由克里莫夫公司生产的新型发动机 VK–1。战机满足了所有的期望，并以米格 –15（北约代号"柴捆"）开始量产，从 1949 年开始服役。第二年，中国接收了首架出口样机，但实际上，驾驶该战机的苏联空军第 50 歼击航空兵师已被派往中国，遂行军事援助任务。他们立刻就参与到对抗联合国军的战机（主要是美国）中，并表现出优异的特性。1950 年，带有后燃器的米格 –17 在米格 –15 的基础上研发出来，两年后开始服役。米格 –15 的衍生型号很多，生产数量巨大，其中包括在中国、波兰、捷克斯洛伐克授权生产的型号。总共生产了 18000 多架，被 40 多个国家使用。有些机型，如双座的米格 –15UTI 现在仍然在朝鲜空军服役。

波音 B-52H 轰炸机

机　型	带有8个喷气发动机的单翼轰炸机
结　构	机身为金属结构
机　翼	悬臂式后掠上单翼
起落装置	可收放小车式起落架，翼梢下配有副起落架
尺　寸	翼展：185英尺（56.4米） 长度：159英尺4英寸（48.6米） 高度：40英尺8英寸（12.4米） 机翼面积：4000平方英尺（372平方米）
重　量	空载重量：185000磅（83915千克） 最大起飞重量：488000磅（221000千克）
动力装置	8台普拉特·惠特尼 TF33-P-3/103 涡轮风扇发动机，每台推力为17000磅力（76千牛）
性　能	最大飞行速度：650英里/小时（1046千米/小时） 实用升限：50000英尺（15200米） 爬升率：6270英尺/分钟（31.85米/秒） 航程：4480英里（7210千米）
武器系统	最大可携带70000磅（31500千克）各型炸弹和导弹
乘　员	5名

米高扬-古列维奇 米格-21BIS战斗机

机　型	单座、单发、单翼战斗机
结　构	机身为金属结构
机　翼	三角形悬臂式中单翼
起落装置	可收放前三点式起落架

尺　寸	翼展：23英尺6英寸（7.16米）
	长度：49英尺2英寸（15.00米）
	高度：13英尺5英寸（4.10米）
	机翼面积：247.3平方英尺（23平方米）
重　量	空载重量：12882磅（5843千克）
	最大起飞重量：22928磅（10400千克）
动力装置	1台图曼斯基R-25-300带后燃器的涡轮喷气发动机，推力为15650磅力（69.6千牛）
性　能	最大飞行速度：1348英里/小时（2170千米/小时，2马赫）
	实用升限：57414英尺（17500米）
	爬升率：44280英尺/分钟（225米/秒）
	航程：751英里（1210千米）
武器系统	1门0.906口径（23毫米）GSh-23机炮，最多可挂载2646磅（1200千克）载荷（导弹、炸弹、吊舱或燃料）
乘　员	1名

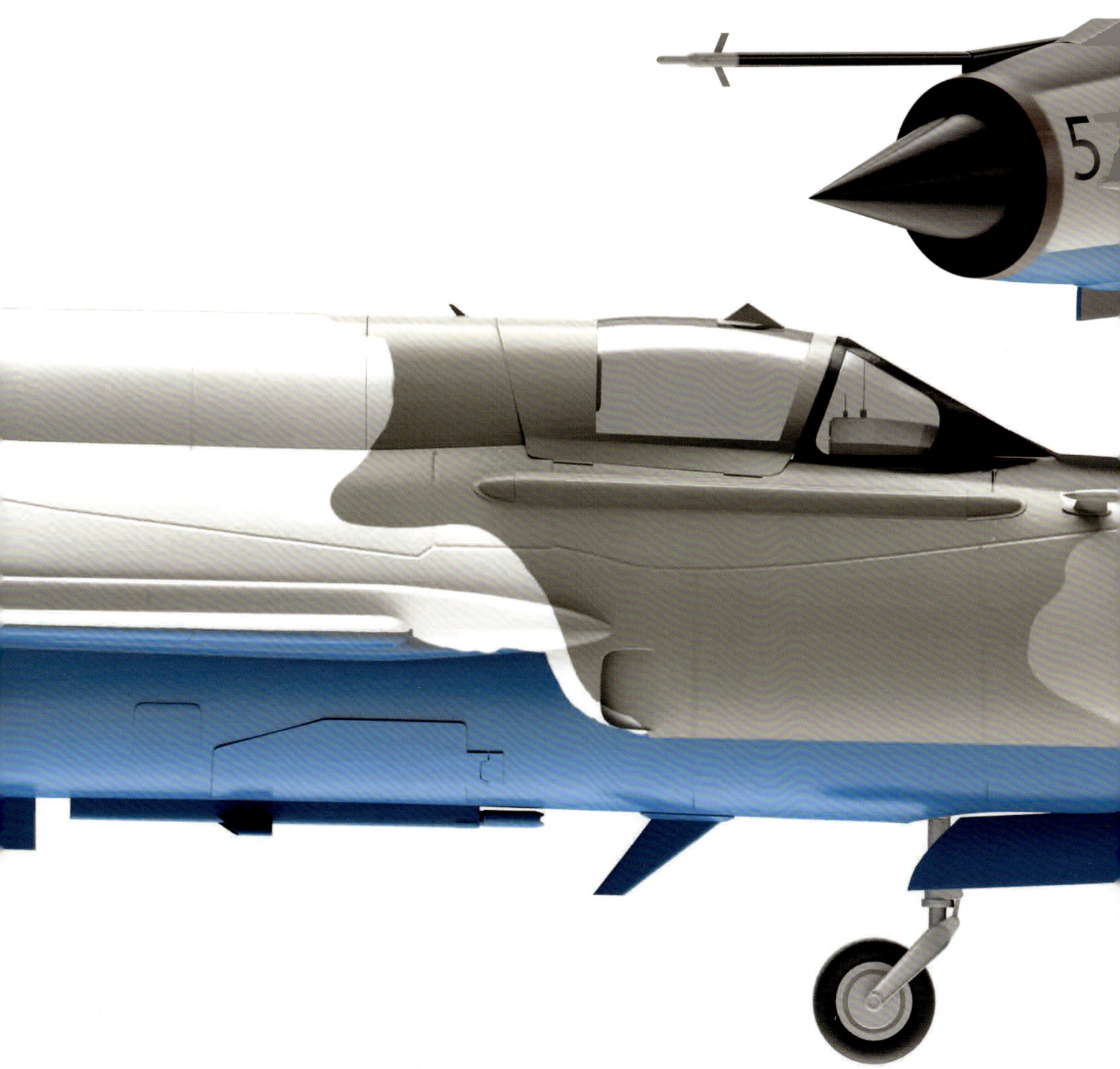

在50年代之后，美国空军的飞行员普遍反映，他们需要一种能够用于点防御的截击战斗机，具备最高的性能指标。当时洛克希德公司的首席设计师克拉伦斯·"凯利"·约翰逊设计了一种小型战斗机，优化了爬升能力和超音速。战机为了适合新的马力强劲的涡轮喷气发动机，采用了非常小的超薄机翼，以确保速度最大化。

第一架原型机XF-104于1954年3月4日首飞，当时临时装备了通用电气的J65发动机。1956年2月17日，预生产型机YF-104A在试飞时使用了最终的J79发动机。"星"式战斗机在当时确实已经做到了极致。它是第一批飞行速度达到2马赫的战机，但是其机动性能不是很好，而且很难操控。出于这些原因，再加上其航程较短，挂载弹药减少，F-104A和后续改装的战斗轰炸机F-104C都没有得到美国空军的青睐。

美国空军总共采购了277架,其中还包括双座改装版。洛克希德在改装的多用途型F-104G上获得了更大的成功,在美国政府的帮助下,极力开拓国际市场。

20世纪60年代,F-104因为事故频发而饱受争议,但是其以飞行小时数计算的事故率与其他飞机并无太大差别。战机在加拿大、日本和欧洲授权生产,被15个国家的空军使用。

意大利还生产了F-104S型,马力更加强劲也更加现代,但是只有意大利和土耳其两个国家的空军对其感兴趣。F-104总共生产了2575架。

最后一架F-104战斗机于2004年10月从意大利空军退出现役。

米格-21战斗机是苏联的第一架2马赫战斗机,并且保持着全世界生产数量最多、使用范围最广的超音速战斗机的纪录,其生产从1959年一直持续至1985年。战机的设计工作从20世纪50年代初开始进行。最终配置被确定下来,是1955年制造出的原型机Ye-4。这是一型采用了三角翼型的轻型战斗机,其作战能力融合了截击机和空优战斗机的优长。从某种意义上说,它类似于西方国家的F-104和幻影III战斗机。在经过政府验收测试后,米格-21F于1959年正式开始量产,战机在当时展现出很多突出的特性。在其服役期间,战机(北约绰号"鱼窝")衍生出30多种改型,每一种都对武器系统、对地攻击、航电、雷达、提高燃料效率、增大作战半径等方面进行了改进。最重要的几个基本改型包括双座的U型、PF型、首架全天候战斗机、用于侦察的R型、配备更强劲发动机和多种改进的BIS型等。米格-21还授权在中国(歼-7)、捷克斯洛伐克和印度进行生产。生产总量约为11500架,被全世界60多个国家使用。在现代化改造等延寿计划的帮助下,许多米格-21现在仍然在服役。

米高扬－古列维奇
米格-21战斗机
1956年至今

洛克希德F-104G "星"式战斗机

机　型	单座、单发、单翼战斗机
结　构	机身为金属结构
机　翼	悬臂式平直中单翼
起落装置	可收放前三点式起落架

尺　寸	翼展：21英尺9英寸（6.6米） 长度：54英尺8英寸（16.66米） 高度：13英尺8英寸（4.16米） 机翼面积：196.1平方英尺（18.22平方米）
重　量	空载重量：14088磅（6390千克） 最大起飞重量：28779磅（13054千克）
动力装置	1台通用电气 J-79-GE-11A 带后燃器的涡轮喷气发动机，推力为15600磅力（69千牛）
性　能	最大飞行速度：1367英里/小时（2200千米/小时，2马赫） 实用升限：50000英尺（15200米） 爬升率：48000英尺/分钟（244米/秒） 航程：1630英里（2623千米）
武器系统	1门20毫米口径M61A1"火神"6管机关炮，2门0.906口径（23毫米）NR-23机炮，最多可挂载17000磅（7711千克）载荷（导弹、炸弹、吊舱或燃料）
乘　员	1名

洛克希德 F-104"星"式战斗机

1954—2004 年

麦克唐纳·道格拉斯 F-4 "鬼怪" II 重型战斗机

机　型	双座、双发、单翼战斗机
结　构	机身为金属结构
机　翼	悬臂式下单翼、后掠翼
起落装置	可收放前三点式起落架
尺　寸	翼展：38 英尺 4.5 英寸（11.7 米） 长度：63 英尺（19.2 米） 高度：16 英尺 6 英寸（5.0 米） 机翼面积：530 平方英尺（49.24 平方米）
重　量	空载重量：30358 磅（13770 千克） 最大起飞重量：66062 磅（29965 千克）
动力装置	2 台通用电气 J79-GE-17 带后燃器的涡轮喷气发动机，推力为 17845 磅力（79.4 千牛）
性　能	最大飞行速度：1485 英里/小时（2390 千米/小时，2.2 马赫） 实用升限：60000 英尺（18300 米） 爬升率：41300 英尺/分钟（210 米/秒） 航程：1616 英里（2600 千米）
武器系统	1 门 20 毫米口径 M61A1 "火神" 6 管机关炮，最多可挂载 18650 磅（8480 千克）载荷（导弹、炸弹、吊舱或燃料）
乘　员	2 名

"幻影"战机设计之路的开端漫长而又复杂。1953年，法国政府发起一项研究，要求研制一种轻型、超音速、全天候截击机。达索公司提交的方案是MD.550"神秘－三角"，这是一种小型、双发、三角翼型的喷气式飞机。不久，其空气动力学设计经过修改，就变成了幻影I战斗机。但是，军方认为战机太小，无法携带足够的武器，为此，达索公司又设计出了幻影II战斗机，仍然使用两台发动机。但是这个设计并没有被实际制造出来。达索公司进而又设计了更大、更重的幻影III战斗机，动力装置使用了一个新型"阿塔"涡轮喷气发动机，足以提供必要的动力。原型机于1956年11月17日首飞，并且在机身设计上运用了最新的面积率理论。该系列的下一个设计，幻影IIIA战斗机，机身更长、更大，还安装了最新的赛拉诺"白鹳"机载截击雷达。这一型号的速度最大能够达到2.2马赫。

第一种全面生产型是1960年的幻影IIIC战斗机，同时也是很成功的出口机型。幻影IIIB是一种双座教练机。1961年，幻影IIIE多用途战斗机问世，此后还有侦察型的幻影IIIR。幻影III在商业上取得了巨大成功，特别是以色列空军在一系列空战中取得的胜利更是成就了幻影III的成功。

该战机在澳大利亚和瑞士授权生产。包括改装型号幻影5战斗机在内，共生产幻影III战机1422架，被21个国家使用。目前，该战机仍然在巴基斯坦空军服役。

神秘战机F-4的起源可以追溯到1953年，当时麦克唐纳开始考虑设计一种航母舰载战斗机，替代F3H"恶魔"舰载机。这家美国公司设计了一款多用途战机。1955年，美国海军订购了2架XF4H-1原型机和5架预生产型飞机。战机于1958年5月27日完成了首飞。战机被正式命名为"鬼怪"II，在性能、航程、载荷等方面的表现都出类拔萃。其武器系统完全不需要陆基雷达来遮断敌机。F4H-1型于1961年获得作战能力，F-4B型从1962年开始服役，共为美国海军生产了637架。"鬼怪"的性能极为出众，甚至美国空军也希望购买其陆基改装型号F-110A，此后被定名为F-4C。美国空军共采购了583架该战机。从那时起，F-4经历了漫长而出色的职业生涯，从越南战争开始，到后面继续推出更好的改进型号，其中多个出口型号也取得了成功。"鬼怪"II绝对是一架强大而又可靠的多用途战机。其他的改装型号还包括安装了内置机炮的F-4E、侦察型RF-4，和反雷达攻击型的EF-4、F-4G。此外，20世纪80年代和90年代的一系列现代化改造计划延长了该战机在欧洲和亚洲国家空军的服役寿命。在生产的全部5195架战机中，部分战机仍在日本、韩国、希腊、伊朗和土耳其服役。

麦克唐纳·道格拉斯
F-4"鬼怪"II 重型战斗机
1958 年至今

达索 幻影 IIIE 战斗机

机　　型	单座、单发、单翼战斗机
结　　构	机身为金属结构
机　　翼	三角形悬臂式下单翼
起落装置	可收放前三点式起落架
尺　　寸	翼展：27 英尺（8.22 米） 长度：49 英尺 4 英寸（15.03 米） 高度：14 英尺 9 英寸（4.5 米） 机翼面积：375 平方英尺（35 平方米）
重　　量	空载重量：15543 磅（7050 千克） 最大起飞重量：30203 磅（13700 千克）
动力装置	1 台斯奈克玛"阿塔"09C 带后燃器的涡轮喷气发动机，推力为 13700 磅力（60.8 千牛）
性　　能	最大飞行速度：1367 英里/小时（2200 千米/小时，2 马赫） 实用升限：55774 英尺（17000 米） 爬升率：44290 英尺/分钟（225 米/秒） 航程：1491 英里（2400 千米）
武器系统	1 门 1.8 口径（30 毫米）DEFA-552 机炮，最多挂载 8800 磅（3992 千克）载荷（导弹、炸弹、吊舱或燃料）
乘　　员	1 名

达索 幻影 III 战斗机

1956 年至今

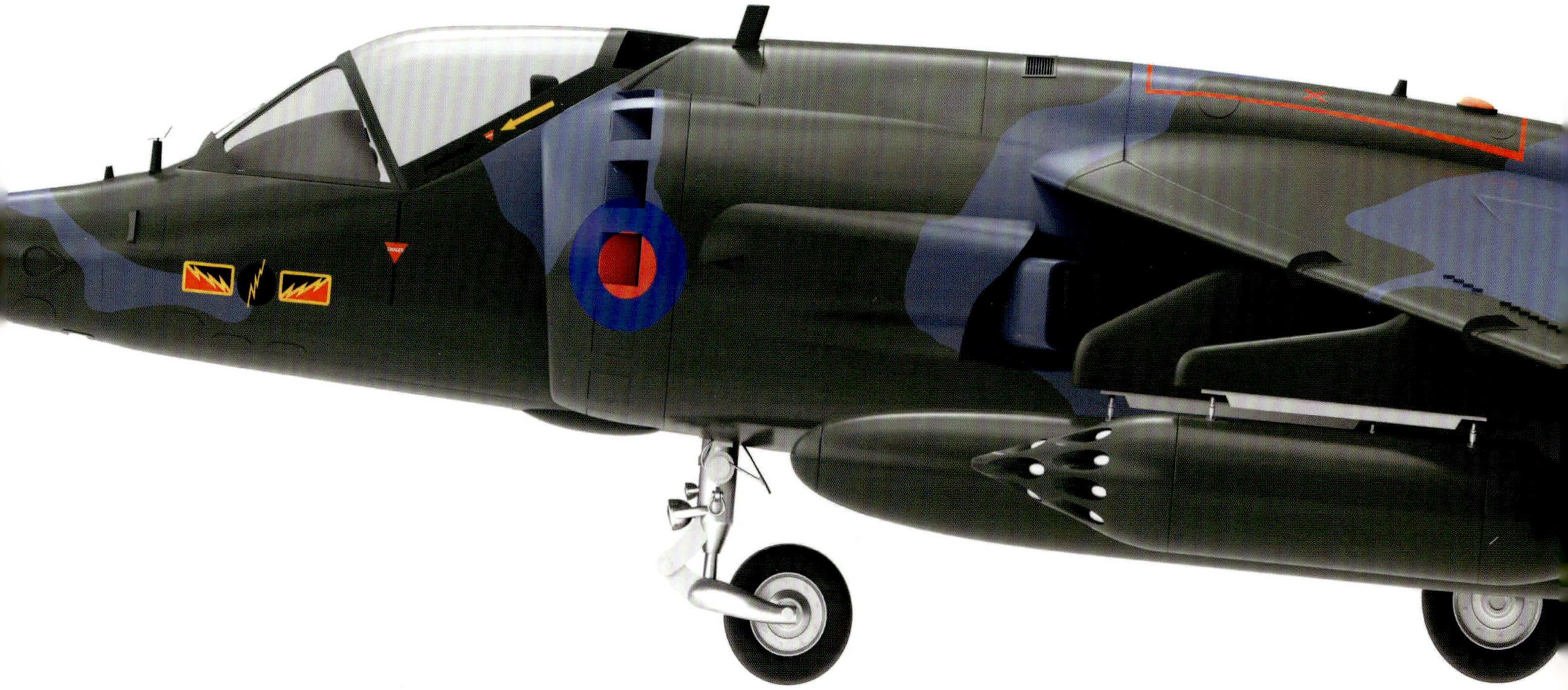

洛克希德
SR-71 "黑鸟"高空侦察机
1964—1999 年

20世纪60年代初,美国逐渐意识到自己需要一种比 U-2 侦察机速度更快的战略侦察机。美国中央情报局提出的最初的设计方案是 A-12,1962 年时在位于马夫湖的空军秘密基地,也就是 51 区,进行了首飞。这型战机是后来的 SR-71 的设计基础,后者是应美国空军的要求设计的一种双座、体型更大、更重的战机。SR-71 也是由才华横溢的"凯利"·约翰逊设计的,拥有许多挑战极限的独特的特性,这样才能实现美国空军提出的性能、航程、飞行高度的需求。尽管"黑鸟"的设计已经具备了早期的反雷达隐身特性,但是它的主要防御措施还是其高达 3.2 马赫的巡航速度,这是世界上其他任何飞机都无法企及的。这种高速需要研发一种新的特殊的可移动进气发动机和一种特殊的燃料 JP-7 才能实现。

根据战机的空中加油需求,美国空军又需要专门改装一型空中加油机 KC-135Q 来配合使用。SR-71 的作战飞行高度在 78740 英尺(24000 米),这就要求其机组人员必须穿上特殊的加压飞行服才能在高空遂行任务。战机于 1966 年开始服役,并曾经驻扎在美国的多个友国空军基地。包括双座机型号在内,该型战机共生产 32 架。最后一批 SR-71 于 1998 年退役,而美国国家航空航天局(NASA)又继续使用了一年 SR-71。

鹞式战斗机作为第一架能够垂直起降的战术战斗机而在航空发展史上占有重要的一席之地。自20世纪50年代初开始,北约就一直对这种类型的战机很感兴趣。1957年,原英国霍克-西德利飞机公司(译者注:已并入英国宇航公司)开始与布里斯托航空发动机公司(译者注:已并入罗尔斯·罗伊斯公司)合作开发一个项目,后者将制造一种名为"飞马"的发动机,可以提供足够的动力。P.1127原型机的设计采用了由4个可旋转98度的发动机喷口组成的推进系统,确保能够实现起飞、悬停飞行、垂直降落。当完全旋转后,又可确保实现常规飞行。首批6架原型机于1960年10月21日试飞。1965年,一个由英国、德国、美国组成的联合小组评估了9架预生产型战机,当时被命名为"茶隼"。第一架具备作战能力的鹞式GR Mk.1于1969年开始在英国皇家空军服役。两年后,AV-8A开始在美国海军陆战队服役,主要作为航母舰载战斗轰炸机使用。

海鹞系列是专门为英国皇家海军设计制造的,印度也购买了一些。西班牙海军采用了改装的AV-8S型,类似于美国海军陆战队的型号。包括双座机型号在内,鹞式和海鹞系列共生产389架。最后一批于2006年在泰国退役。由鹞式改装的AV-8B鹞II(英国皇家空军的鹞GR.5)目前仍在美国海军陆战队、意大利海军和西班牙海军服役。

霍克-西德利 鹞式 GR Mk.3 垂直起降战斗机

机 型	单座、单发、单翼战斗机
结 构	机身为金属结构
机 翼	悬臂式上单翼、后掠翼
起落装置	可收放小车式起落架、翼梢下配有副起落架
尺 寸	翼展:25英尺3英寸(7.70米) 长度:46英尺(14.27米) 高度:11英尺11英寸(3.63米) 机翼面积:201.1平方英尺(18.68平方米)
重 量	空载重量:12302磅(5580千克) 最大起飞重量:26000磅(11800千克)
动力装置	1台罗尔斯·罗伊斯"珀伽索斯"(飞马)Mk.103涡轮风扇发动机,推力为21500磅力(95.6千牛)
性 能	最大飞行速度:733英里/小时(1180千米/小时) 实用升限:50000英尺(15240米) 爬升率:21325英尺/分钟(108.33米/秒) 航程:516英里(830千米)
武器系统	2个1.18口径(30毫米)"阿顿"机炮吊舱,最多可挂载8000磅(3630千克)载荷(导弹、炸弹、吊舱或燃料)
乘 员	1名

霍克 - 西德利
鹞式垂直起降战斗机
1960—2006 年

洛克希德 SR-71A "黑鸟"高空侦察机

机　　型	双座、双发、单翼侦察机
结　　构	机身为金属结构
机　　翼	三角形悬臂式下单翼
起落装置	可收放前三点式起落架
尺　　寸	翼展：55 英尺 7 英寸（16.94 米） 长度：107 英尺 5 英寸（32.74 米） 高度：18 英尺 6 英寸（5.64 米） 机翼面积：1800 平方英尺（167 平方米）
重　　量	空载重量：67500 磅（30600 千克） 最大起飞重量：172000 磅（78000 千克）
动力装置	2 台普拉特·惠特尼 J58-1 带后燃器的涡轮喷气发动机，每台推力为 34000 磅力（151 千牛）
性　　能	最大飞行速度：2200 英里/小时（3540 千米/小时，3.3 马赫） 实用升限：85000 英尺（25900 米） 爬升率：11811 英尺/分钟（60 米/秒） 航程：3355 英里（5400 千米）
武器系统	无
乘　　员	2 名

格鲁曼的F-111B项目（一种由陆基F-111A战斗轰炸机改装的重型舰载战斗机）失败后，美国海军发起了VFX（实验性战术战斗机——Tactical Fighter Experimental）计划，寻找一种可以替代F-4"鬼怪"II的远程截击舰载机。格鲁曼公司赢得竞标的设计，首次将越南战争的经验教训融入其中。它还保留了可变机翼和双发动机（与F-111使用的TF-30发动机相同）的设计概念。首架F-14原型机于1970年12月21日首飞。战机的突出特性包括，它是有史以来最大的战斗机，航程非常远，并且配备了强大的AWG-9机载火控雷达，以此来制导复杂的AIM-54"不死鸟"远程空空导弹。"雄猫"于1973年开始服役，并于1974年在"企业号"航母上的第1、2舰载机中队中完成了首次作战任务部署。1987年开始出现F-14A+（F-14A的改型，即后来的F-14B），该机型使用了新的F110发动机。最终的改装型号是1991年的F-14D，采用了新的电子设备和现代化的APG-71机载脉冲多普勒火控雷达。至20世纪90年代，在加装了"蓝盾"先进目标瞄准吊舱（主要用于低空目标指示和夜视寻的）并配备了精确武器之后，"雄猫"还获得了对地攻击能力，也为其赢得了"炸弹猫"这个新的绰号。进入新世纪以来，由于其高昂的使用成本和新的"超级大黄蜂"的出现，"雄猫"舰载战斗机最终于2006年全部退役。格鲁曼公司总共生产F-14战机712架，其中80架于1974年出口到伊朗，并且目前仍在服役。

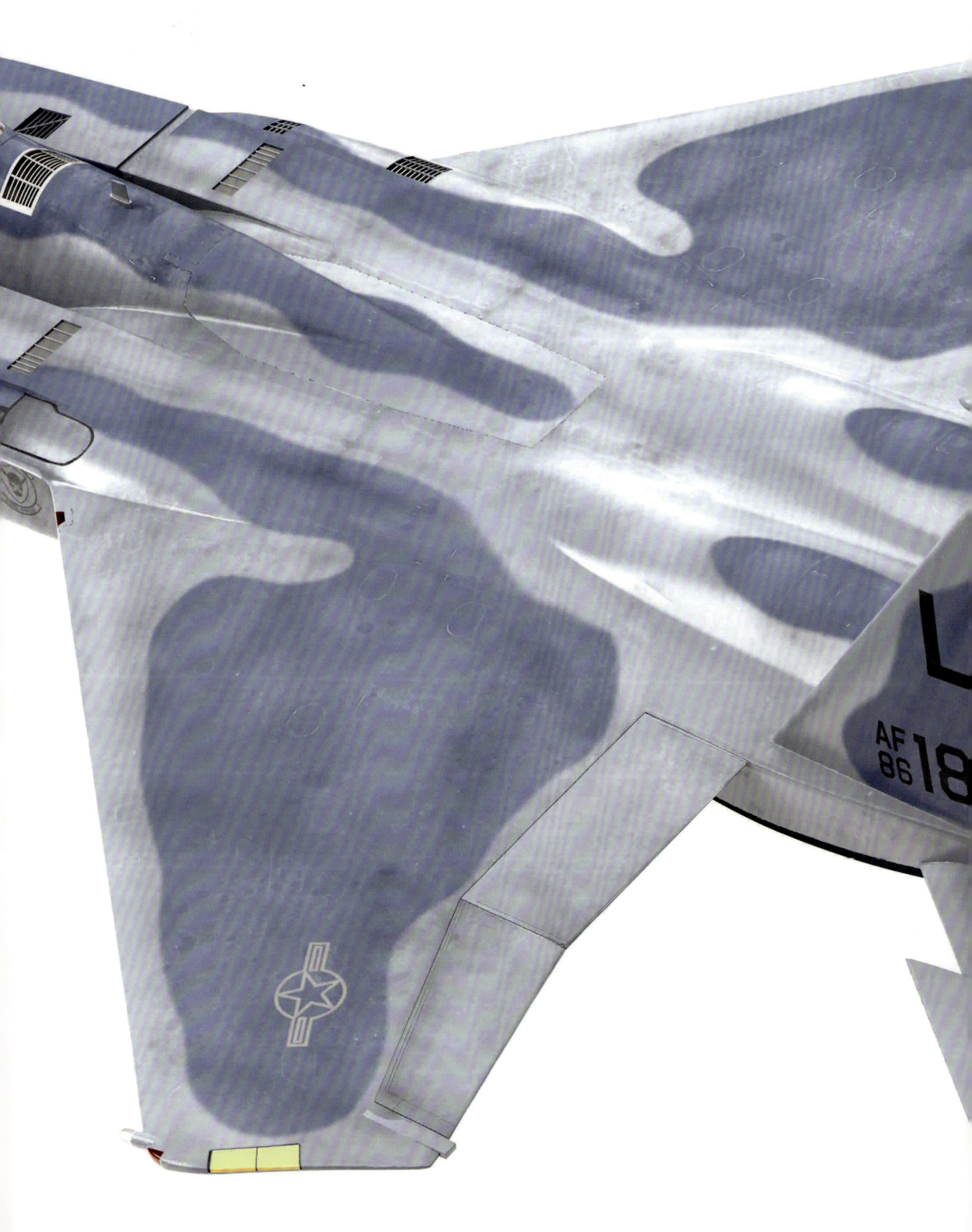

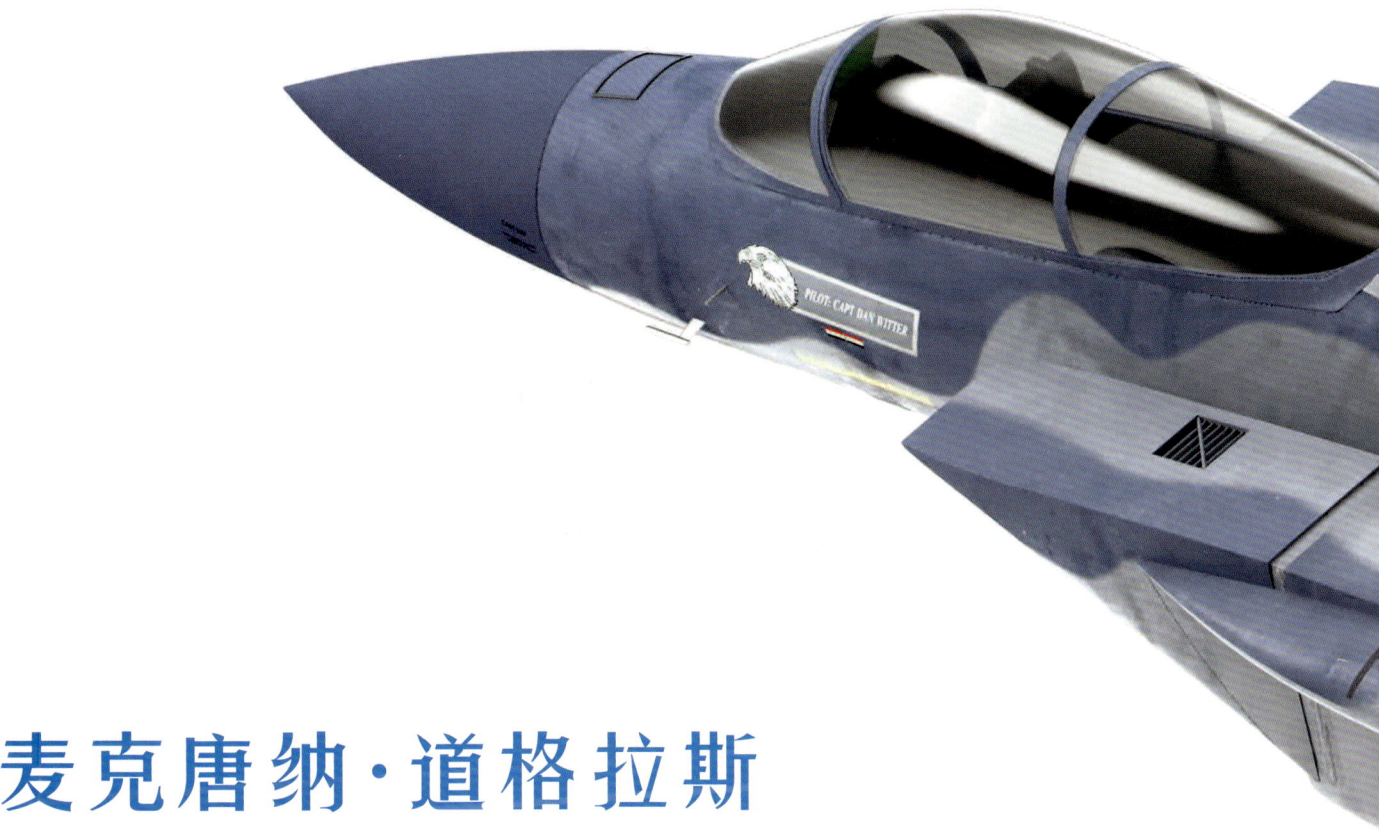

麦克唐纳·道格拉斯 F-15 "鹰" 重型战斗机
1972 年至今

1968 年，美国空军发布了一项军购方案，寻找替代 F-4"鬼怪"II 的新型空中优势战斗机。1969 年 12 月，麦克唐纳·道格拉斯公司（现波音公司）提交的设计方案中标。这是一种创新性的战机，主要特性包括采用了双发动机、双尾翼布局，机身大而薄，令人印象深刻的机头整流罩安装了大型截击雷达。飞行员座椅位置被提高，安装了抬头显示器（HUD）和双杆操纵系统（HOTAS）。机翼配置与 F-4 类似。

F-15 的原型机于 1972 年 7 月 27 日首飞。战机当即表现出一个卓越的作战平台应有的特性，尽管体型巨大，却在动力、航程、武器和机动性上表现出色。首批 F-15A 和双座的 F-15B 于 1974 年开始服役。第一批出口型号于 1976 年出售给了以色列空军。

1979 年，改进型 F-15C 问世。到了 20 世纪 80 年代，美国空军决定将这个优秀的作战平台进行改装，用于遂行全天候、远程打击与遮断任务，也就是 F-15E "攻击鹰"战斗机。这一改型在机组人员中增加了一名武器系统官，并加装了紧贴机身的保形油箱、更多的武器挂架，以及目标瞄准吊舱。首批 F-15E 于 1988 年开始服役。F-15 系列战机总共生产了 1618 架，被 6 个国家的空军使用。目前生产和改进都在持续进行当中。

格鲁曼 F-14D "雄猫"舰载战斗机

机　型	双座、双发、单翼战斗机
结　构	机身为金属结构
机　翼	悬臂式可变后掠上单翼
起落装置	可收放前三点式起落架

尺　寸	翼展：64 英尺（19.50 米）（展开） 长度：38 英尺（11.58 米）（后掠） 高度：16 英尺（4.88 米） 机翼面积：565 平方英尺（54.50 平方米）
重　量	空载重量：43735 磅（19838 千克） 最大起飞重量：74350 磅（33725 千克）
动力装置	2 台通用电气 J110-GE-400 带后燃器的涡轮喷气发动机，每台推力为 27080 磅力（120.5 千牛）
性　能	最大飞行速度：1544 英里/小时（2450 千米/小时，2.34 马赫） 实用升限：50853 英尺（15500 米） 爬升率：45079 英尺/分钟（229 米/秒） 航程：1118 英里（1800 千米）
武器系统	1 门 20 毫米口径 M61A1 "火神" 6 管机关炮，最大可挂载 14500 磅（6600 千克）载荷（导弹、炸弹、吊舱、燃料）
乘　员	2 名

格鲁曼 F-14 "雄猫" 舰载战斗机
1970 年至今

麦克唐纳·道格拉斯 F-15C 重型战斗机

机　型	单座、双发、单翼战斗机
结　构	机身为金属 / 复合材料
机　翼	悬臂式三角形上单翼
起落装置	可收放前三点式起落架
尺　寸	翼展：42 英尺 10 英寸（13.05 米） 长度：63 英尺 9 英寸（19.43 米） 高度：18 英尺 6 英寸（5.63 米） 机翼面积：608 平方英尺（56.50 平方米）
重　量	空载重量：28000 磅（12700 千克） 最大起飞重量：68000 磅（30845 千克）
动力装置	2 台普拉特·惠特尼 F100-PW-220 带后燃器的涡轮风扇发动机，每台推力为 23770 磅力（105.7 千牛）
性　能	最大飞行速度：1656 英里/小时（2665 千米/小时，2.5 马赫） 实用升限：65000 英尺（19800 米） 爬升率：51181 英尺/分钟（260 米/秒） 航程：1231 英里（1970 千米）
武器系统	1 门 20 毫米口径 M61A1 "火神" 6 管机关炮，最多可挂载 16000 磅（7300 千克）载荷（导弹、炸弹、吊舱或燃料）
乘　员	1 名

美国空军在选择 F-15 作为空中优势战斗机后，仍然希望获得一种作为补充的多用途战术飞机，体型更小，成本更低。1971 年，美国空军正式启动了"轻型战斗机"（LWF）项目。1975 年 1 月，通用动力公司（现洛克希德·马丁公司）的 YF-16 设计方案中选。这是一架采用了许多革命性设计的战机。它不仅引入了未来感十足的流线型设计，还采用电子飞行控制系统（线传飞控）和由计算机控制的增稳系统，最大限度地增加其灵活性，没有这些系统，该战机战无法实现飞行。原型机于 1974 年 1 月 20 日试飞，F-16A 样机于四年后获得作战能力。1975 年，该战机赢得了空中战斗机世纪竞赛的胜利，并被欧洲四个国家的空军选中，用来替代其 500 架 F-104 "星"战斗机。

1984 年，首批改装型 F-16C 问世，战机在各个方面都得到改进。除美国空军外，有 25 个国家的空军都使用了"战隼"，这主要归功于其廉价、可靠、多用途的特性。对机载系统的不断改进进一步证明战机的基本设计非常合理。目前仍在服役的最先进型号是 F-16E/F 和 F-16I。其起飞重量几乎是 F-16A 的两倍，拥有复杂的航电系统和武器套件。该战机目前仍在持续生产中，已生产 4500 架。

"狂风"战斗轰炸机是由德国、意大利和英国联合开发的首个欧洲联合军事项目的产物。帕那维亚飞机公司由英国宇航公司、德国宇航（MBB）公司、意大利航太飞机公司Aeritalia（现阿莱尼亚公司）三家公司于1969年共同成立，主要负责研发和生产多用途作战飞机（MRCA）。加拿大、比利时和荷兰最初也共同签订了协议，但并未参与后续开发阶段。首架原型机于1974年8月14日试飞。最终定型的战机是一种非常强悍的双发低空攻击喷气战斗机，拥有可变式上单翼和串列双人座舱设计，以及可以遂行复杂任务的航电系统。战机使用的发动机也是由欧洲财团"喷气涡轮联合公司"制造的最新型号。首批生产的遮断打击型（IDS）战机于1979年开始在英国皇家空军服役。同年，防空型（ADV）原型机试飞。该型战机是专门针对英国皇家空军的防空需要而设计制造的。与前面的型号不同，该战机安装了马力更加强劲的发动机，机身更长，并加载了适用于拦截的导弹和雷达。最后一个研发出来的型号是电子战型（ECR）。其目的主要用于对敌防空压制。德国和意大利从1990年开始使用该战机。"狂风"系列战机一直在持续进行升级和现代化改装，并且在1991年海湾战争及以后的各种冲突中都有出色表现。各型战机共生产979架，其中120架出售给沙特阿拉伯。它也是自1986年起该战机唯一出口的国家。

帕那维亚 PA 200 "狂风"战斗轰炸机

1974 年至今

通用动力 第50批次型 F-16C 空优战斗机

机　　型	单座、单发、单翼战斗机	
结　　构	机身为金属/复合材料	
机　　翼	悬臂式中单翼、后掠翼	
起落装置	可收放前三点式起落架	
尺　　寸	翼展：32英尺8英寸（9.96米） 长度：49英尺5英寸（15.06米） 高度：16英尺（4.88米） 机翼面积：300平方英尺（27.87平方米）	
重　　量	空载重量：18900磅（8573千克） 最大起飞重量：42300磅（19200千克）	
动力装置	1台通用电气F110-GE-100带后燃器的涡轮风扇发动机，推力为28600磅力（127千牛）	
性　　能	最大飞行速度：1320英里/小时（2120千米/小时，2马赫） 实用升限：50033英尺（15250米） 爬升率：50000英尺/分钟（254米/秒） 航程：746英里（1200千米）	
武器系统	1门20毫米口径M61A1"火神"6管机关炮，最多可挂载17000磅（7710千克）载荷（导弹、炸弹、吊舱或燃料）	
乘　　员	1名	

通用动力 F-16 "战隼" 空优战斗机
1974 年至今

帕那维亚 PA 200 "狂风" IDS（遮断打击）战斗轰炸机

机　型	双座、双发、单翼战斗轰炸机
结　构	机身为金属/复合材料
机　翼	悬臂式中单翼、后掠翼
起落装置	可收放前三点式起落架
尺　寸	翼展：45 英尺 7 英寸（13.90 米）（展开） 　　　28 英尺 3 英寸（8.60 米）（后掠） 长度：54 英尺 10 英寸（16.70 米） 高度：19 英尺 6 英寸（5.94 米） 机翼面积：286 平方英尺（26.60 平方米）
重　量	空载重量：31967 磅（14500 千克） 最大起飞重量：61700 磅（28000 千克）
动力装置	2 台喷气涡轮联合 RB.199-34RMk.103 带后燃器的涡轮风扇发动机，每台推力为 17270 磅力（76.8 千牛）
性　能	最大飞行速度：920 英里/小时（1480 千米/小时，1.2 马赫）低空 实用升限：50033 英尺（15250 米） 爬升率：15100 英尺/分钟（76.7 米/秒） 航程：2417 英里（3890 千米）
武器系统	2 门"毛瑟"BK-27 1.06（27 毫米口径）机炮，最多可挂载 19800 磅（9000 千克）载荷（导弹、炸弹、吊舱或燃料）
乘　员	2 名

20世纪70年代初,美国海军启动了多任务战斗攻击机(VFAX)项目,对其舰载攻击机进行现代化改造。出于节约成本的考虑,美国海军打算从美国空军的轻型战斗机项目的两个最终竞标者中选出一个,也就是YF-16或YF-17。1976年,后者被美国海军选中。制造商诺斯罗普公司是与麦克唐纳·道格拉斯公司(现波音公司)紧密合作的伙伴,也是专门制造舰载机的公司。最初,设计团队计划开发出两个不同版本的战机,战斗机版的F-18和攻击机版的A-18。但是后来为了避免后勤保障的麻烦,决定将两个版本合二为一,就有了后来的多用途战斗机F/A-18。原型机于1978年11月18日试飞,首批量产F/A-18A多用途战斗机于1980年交付使用。1987

年，改进型F/A-18C试飞。该型战机在国外市场同样取得了很大成功，有7个国家打算购买"大黄蜂"。截至2000年，共生产战机1480架。20世纪90年代初，美国海军接受了一项提议，采购一批对原有的"大黄蜂"进行大幅改装的战机——F/A-18E/F"超级大黄蜂"。事实上，经过改装后，战机可算是一种经过重新设计的全新战机。机身更大、马力更强劲、航程更远，并配备有最先进的航电系统和武器装备。首架"超级大黄蜂"于1995年试飞，1999年获得作战能力。该型号以及E/A-18G"咆哮者"（电子战型）目前仍在继续生产。除美国海军外，澳大利亚空军也在使用"超级大黄蜂"。

洛克希德F-117A"夜鹰"隐身战斗轰炸机

1981—2008年

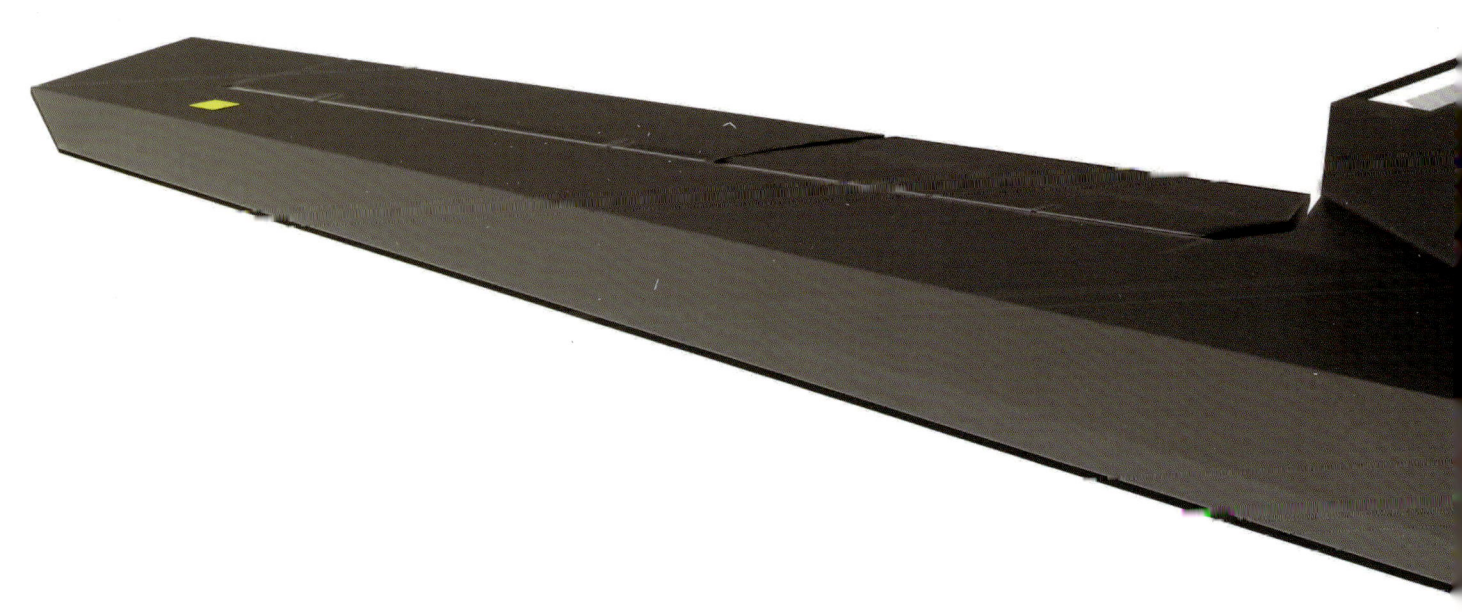

　　1974年,美国政府启动一项竞标,计划秘密研制一种雷达反射信号非常小的战斗轰炸机。次年,这个名为"海弗兰"的秘密计划进入开发阶段,洛克希德提交的方案中标。1977年,第一架技术验证机在内华达州马夫湖的秘密测试中心试飞,第二年又生产了五架原型机。第一架F-117A于1981年6月18日首飞。两年后,该战机被部署到美国空军内利斯空军基地在托诺帕的第4450战术大队。"夜鹰"不遗余力地大量使用当时最先进的隐身技术。机身由许多个平面和小反射平面组成,表面涂有吸波涂料。尽管F-117并没有太多出众的性能特征,但却是一架真正能够躲避雷达探测的战机。1988年之前,作为一项秘密计划,战机仅在夜间进行飞行训练,又过了两年之久才对外公开。1991年,该战机在海湾战争中名声大噪,主要负责在夜间遂行对主要军事目标的打击任务。"夜鹰"隐身战斗轰炸机仅生产了64架。由于后来出现了更加先进的隐身战斗机F-22A,F-117于2008年正式退役。

麦克唐纳·道格拉斯 F/A-18C "大黄蜂" 战斗攻击机/ 多用途战斗机

机　　型	单座、双发、单翼战斗机
结　　构	机身为金属/复合材料
机　　翼	悬臂式上单翼
起落装置	可收放前三点式起落架

尺　　寸	翼展：40 英尺（12.2 米）
	长度：56 英尺（17.1 米）
	高度：15 英尺 3 英寸（4.65 米）
	机翼面积：400 平方英尺（37.2 平方米）
重　　量	空载重量：23760 磅（10780 千克）
	最大起飞重量：55880 磅（25350 千克）
动力装置	2 台通用电气 F404-GE-402 带后燃器的涡轮喷气发动机，每台推力为 17750 磅力（79.2 千牛）
性　　能	最大飞行速度：1188 英里/小时（1910 千米/小时，1.8 马赫）
	实用升限：50033 英尺（15250 米）
	爬升率：51181 英尺/分钟（260 米/秒）
	航程：870 英里（1400 千米）
武器系统	1 门 20 毫米口径 M61A1 "火神" 6 管机关炮，最多可挂载 18000 磅（8165 千克）载荷（导弹、炸弹、吊舱或燃料）
乘　　员	1 名

麦克唐纳·道格拉斯 F/A-18 "大黄蜂"战斗攻击机/多用途战斗机

1978年至今

洛克希德 F-117A "夜鹰"隐身战斗轰炸机

机　　型	单座、双发、隐身战斗轰炸机
结　　构	机身为金属/复合材料
机　　翼	悬臂式下单翼、后掠翼
起落装置	可收放前三点式起落架
尺　　寸	翼展：43英尺4英寸（13.20米） 长度：65英尺11英寸（20.09米） 高度：12英尺9.5英寸（3.9米） 机翼面积：780平方英尺（72.5平方米）
重　　量	空载重量：29500磅（13380千克） 最大起飞重量：52500磅（23810千克）
动力装置	2台通用电气F404-GE-F1D2涡轮风扇发动每台推力为10600磅力（48.0千牛）
性　　能	最大飞行速度：615英里/小时（990千米/小时） 实用升限：44948英尺（13700米） 航程：1056英里（1700千米）
武器系统	在机身的炸弹舱内最多可携带5000磅（2270千克）炸弹
乘　　员	1名

随着隐身技术研究取得进展，1978年，美国空军又启动了一个项目，开发一种带有隐身特性的新型战略轰炸机。在1981年签订生产合同时，原计划生产132架战机。当时选定的飞翼设计方案，是诺斯罗普公司早在20世纪40年代就开始研究的空气动力学设计。战机机体没有设置武器发射架，发动机和座舱也都深埋在机翼之中。整个机身构造大量使用特殊的复合材料，并且外部仔细喷涂了能够吸收探测雷达回波的特殊涂料。第一架飞机于1989年7月17日试飞，首架正式生产的战机于1993年12月交付美国怀特曼空军基地。由于战机天文数字般的高昂造价（每架战机的费用为21亿美元，其中包括开发的费用），预期的生产数量始终未能实现。

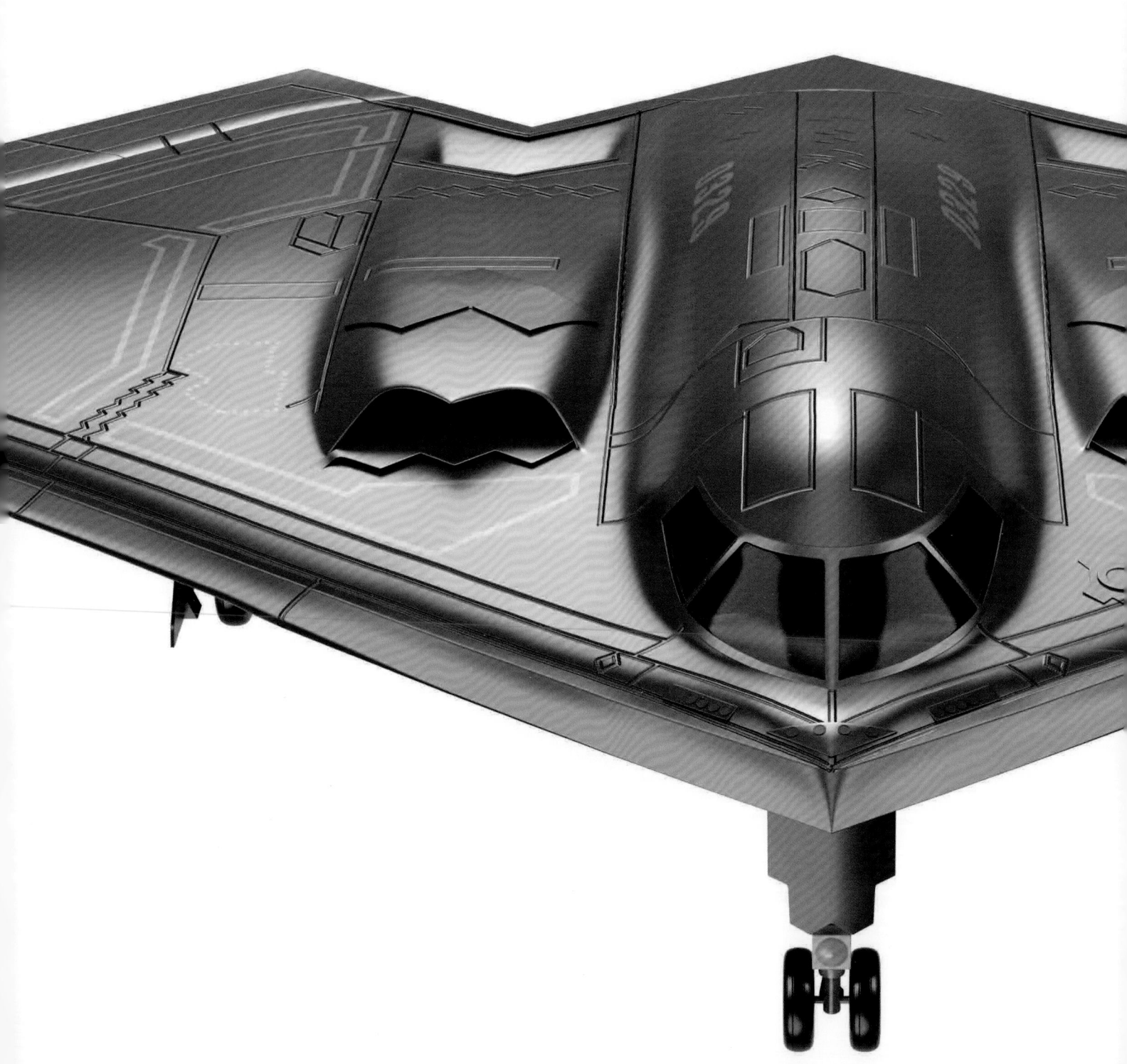

最后，美国空军仅购买了21架。B-2A"幽灵"绝对称得上是史上最隐秘的战机之一。它可在不空中加油的情况下携带常规和核载荷实现跨洲飞行，而一次空中加油后，它可携带14.5吨载荷飞行超过12000英里（19300千米）距离。该战机的首次实战任务持续了30小时。

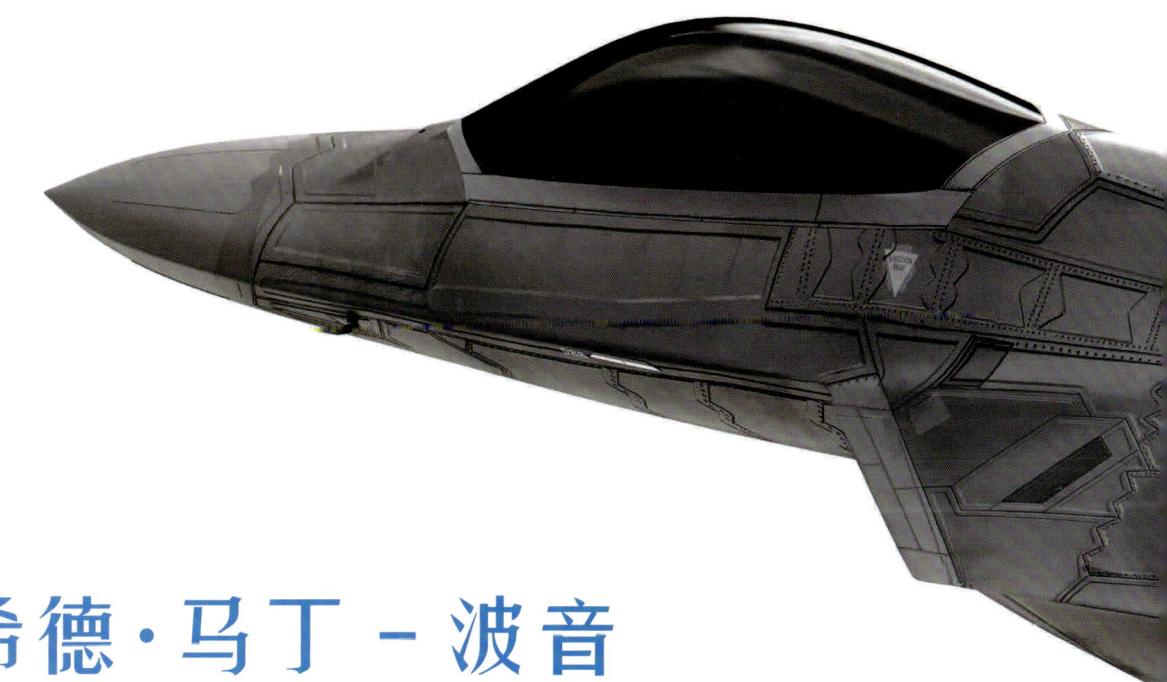

洛克希德·马丁-波音
F-22 "猛禽"多用途隐身战斗机
1990年至今

到了1985年，美国空军又开始寻找能够替代F-15"鹰"的新型战斗机。第二年，美国空军启动的"先进战术战斗机"项目选中了两个设计方案，一个是洛克希德-波音-通用动力的YF-22，另一个是诺斯罗普-麦克唐纳·道格拉斯的YF-23。美国空军希望该设计要绝对领先其他战机，拥有最先进的系统和航电设备，并且具备隐身能力。为了实现上述目标，并没有设置造价的上限。经过对两种原型机的认真评估，1991年，美国空军最终选定了1990年9月29日首飞的YF-22。当时，美国空军公布的采购需求为750架。但是之后该项目遇到了一系列预算问题，导致首架F-22A原型机直到1997年9月才得以试飞，2003年才开始量产。"猛禽"可以算得上是高科技的真正集大成者。能够以超音速巡航，拥有强大的机动性能和动力，武器置于密闭的内部弹舱，复杂的航电系统和各种传感器能够为飞行员提供全面的战场态势。首批正式生产的战机于2005年交付首支作战部队，但是由于其极其高昂的造价（2012年时每架战机预估价格为4.12亿美元，包括开发的费用），只生产了195架，2011年停产。尽管以色列、日本等国都提出过购买请求，但美国国会还是于2006年通过一项法案，禁止出口F-22A战斗机，以保护其技术秘密。

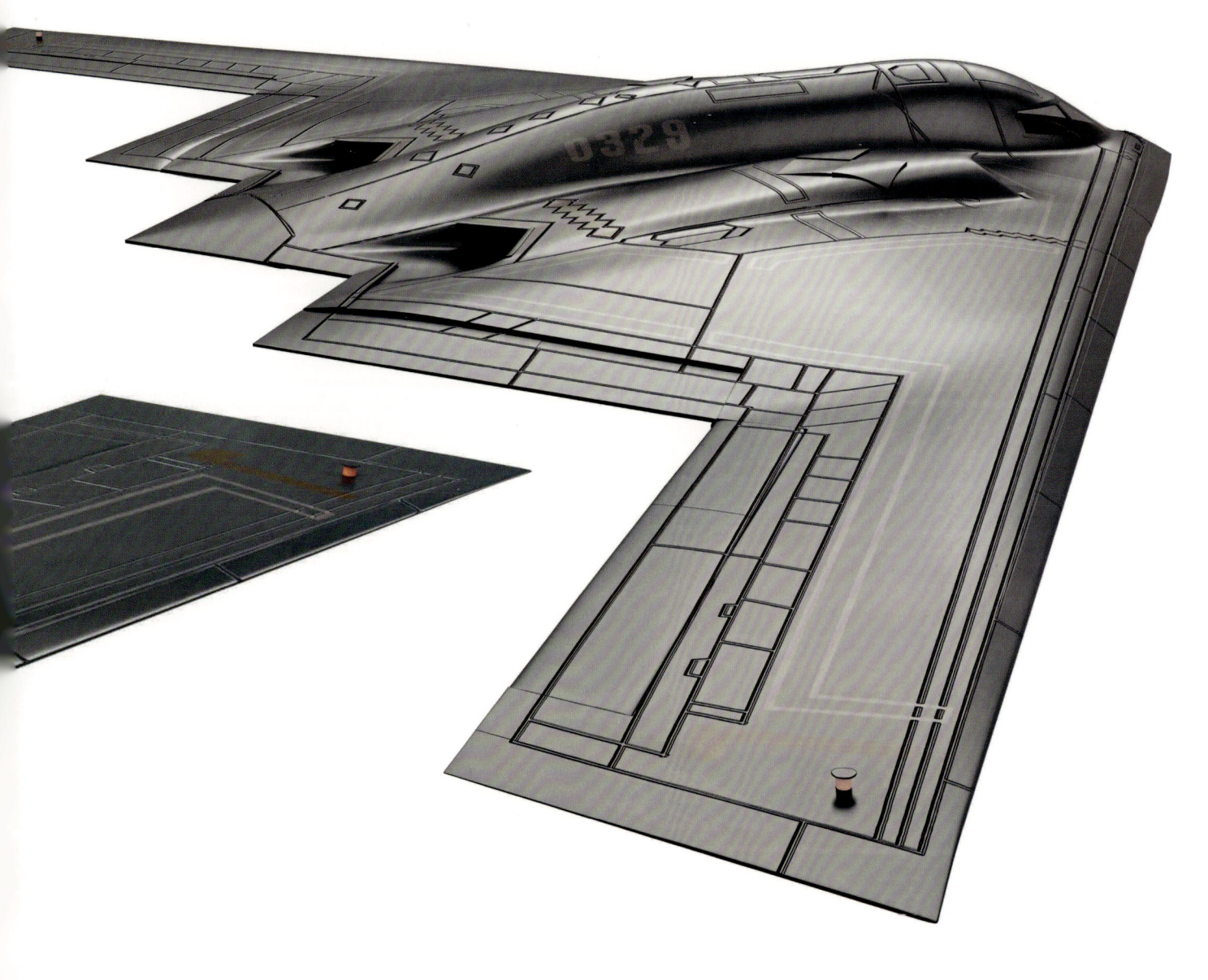

诺斯罗普-格鲁曼 B-2A "幽灵"隐身战略轰炸机

机　　型	双座、四发、单翼隐身战略轰炸机
结　　构	机身为金属/复合材料
机　　翼	后掠翼、单翼机
起落装置	可收放前三点式起落架
尺　　寸	翼展：172 英尺（52.4 米） 长度：69 英尺（21.0 米） 高度：17 英尺（5.18 米） 机翼面积：5140 平方英尺（478 平方米）
重　　量	空载重量：158000 磅（71700 千克） 最大起飞重量：376000 磅（170550 千克）
动力装置	4 台通用电气 F118-GE-100 涡轮风扇发动机，每台推力为 17300 磅力（77 千牛）
性　　能	最大飞行速度：630 英里/小时（1010 千米/小时） 实用升限：50000 英尺（15000 米） 航程：6900 英里（11100 千米）
武器系统	在机身的炸弹舱内最多可携带 40000 磅（18000 千克）炸弹
乘　　员	2 名

诺斯罗普－格鲁曼
B-2A "幽灵"隐身战略轰炸机
1989 年至今

洛克希德·马丁-波音 F-22 "猛禽"多用途隐身战斗机

机　　型	单座、双发、多用途隐身战斗机
结　　构	机身为金属/复合材料
机　　翼	悬臂式中单翼、后掠翼
起落装置	可收放前三点式起落架
尺　　寸	翼展：44 英尺 6 英寸（13.56 米） 长度：62 英尺 1 英寸（18.92 米） 高度：16 英尺 8 英寸（5.08 米） 机翼面积：840 平方英尺（78.04 平方米）
重　　量	空载重量：43340 磅（19700 千克） 最大起飞重量：83500 磅（37875 千克）
动力装置	2 台普拉特·惠特尼 F119-PW-100 带后燃器的涡轮风扇发动机，每台推力为 35000 磅力（156 千牛）
性　　能	最大飞行速度：1491 英里/小时（2400 千米/小时，2.25 马赫） 实用升限：>65000 英尺（19800 米） 爬升率：>59000 英尺/分钟（300 米/秒） 航程：1840 英里（2960 千米）（挂载 2 个副油箱时）
武器系统	1 台 20 毫米口径 M61A2 机炮，在机身的炸弹舱内和翼下外挂梁最多可携带 19841 磅（9000 千克）载荷（导弹、炸弹、副油箱）
乘　　员	1 名

1983年，五个欧洲国家（法国、德国、英国、意大利、西班牙）决定共同发起一项未来多国空优战斗机的开发项目。一年后，法国由于意见分歧退出了该项目。其他四个国家则继续研发工作，并于1986年成立了欧洲战斗机公司（欧洲战斗机联合体）。战机最初被命名为"欧洲战斗机"（EFA），主要利用了英国宇航公司"实验飞机项目"（EAP）的验证机所做的测试。为了更适合超音速飞行，该战机经过优化，采用了宽大的三角翼和能最大限度提升机动性能的前置鸭式布局。雷达和发动机也都是新型的，分别由另外两家欧洲联合体制造，一个是欧洲雷达集团，另一个是欧洲喷气发动机公司。由于政治和经济原因造成战机的研发节奏缓慢，甚至从20世纪90年代开始，设计方案被重新调整，战机也更名为EF-2000。第一架原型机于1994年3月27日试飞，首批生产的战机于2003年8月开始交付部队。"台风"最初设计时是一架纯粹的战斗机，但后来也增加了歼击和侦察的能力，变成了一架真正意义上的多用途战机。该战机直到现在仍在继续升级改造。"台风"拥有极高的性能，能够超音速巡航。它在实战中的首秀是2011年的利比亚战争。在出口方面，该战机也很成功。尽管造价很高，EF-2000还是出口给了奥地利、沙特阿拉伯、阿曼等国。科威特也选择了该战机，其他出口谈判仍在继续进行。目前订单数量已经高达571架，使其成为销量最高的新型西方战斗机。

洛克希德·马丁 F-35 "闪电" II 联合攻击战斗机

2000 年至今

20 世纪 90 年代，美国国防部启动了一项雄心勃勃的项目，计划全面更新换代其所有的作战飞机，用一种战机取代四种不同的战斗机。新型战机被称为"联合攻击战斗机"（JSF），采用成本控制的方式，将一种战机又细分为三种不同型号，常规陆基型（CTOL）、短距离起降型（STOVL）和舰载型（CV）。战机将具备一些突破性的特性，特别是在机载电子系统和隐身等方面。项目从 1996 年开始，竞标的最后阶段确定在两个设计方案之间进行选择（波音的 X-32 和洛马的 X-35）。2001 年 10 月，X-35 最终赢得了竞标。首架原型机 F-35A 于 2006 年 12 月 15 日完成其首飞。短距离起降型（F-35B）和舰载型（F-35C）也进行了试飞。联合攻击战斗机（JSF）需要一个特别长的开发阶段，为了加速这一过程，美军从一开始就决定采用并行生产的方式，先小规模启动生产，并随着验收测试的进行逐渐增加生产。然而，测试暴露出来许多问题，生产成本也开始呈螺旋式上升。尽管存在越来越多的争议和延期问题，项目进度还是在不断推进的，2011 年佛罗里达州埃格林空军基地接收了第一批量产机。无论如何，联合攻击战斗机项目似乎达到了预期目标。目前为止，已经有 10 个国家签订了合同，生产运行全面铺开，其中仅美国就有 2457 架，生产预计能够持续到 2037 年。

欧洲战斗机 EF-2000 "台风"战斗机

机　　型	单座、双发、多用途战斗机
结　　构	机身为金属/复合材料
机　　翼	悬臂式下单翼、鸭式三角翼
起落装置	可收放前三点式起落架
尺　　寸	翼展：35.9 英尺（10.95 米） 长度：52.4 英尺（15.97 米） 高度：17.3 英尺（5.27 米） 机翼面积：551 平方英尺（51.20 平方米）
重　　量	空载重量：24250 磅（11000 千克） 最大起飞重量：51800 磅（23500 千克）
动力装置	2 台欧洲发动机 EJ200 带后燃器的涡轮风扇发动机，每台推力为 20230 磅力（90.0 千牛）
性　　能	最大飞行速度：1367 英里/小时（2200 千米/小时，2 马赫） 实用升限：65000 英尺（19800 米） 爬升率：>62000 英尺/分钟（315 米/秒） 航程：1801 英里（2900 千米）（挂载副油箱时）
武器系统	1 门 1.06 口径（27 毫米）毛瑟 BK-27 机炮，最多可携带 16500 磅（7500 千克）载荷（导弹、炸弹、吊舱、副油箱）
乘　　员	1 名

欧洲战斗机 EF-2000 "台风"战斗机
1994 年至今

洛克希德·马丁 F-35 "闪电" II 联合攻击战斗机

机　型	单座、单发、多用途隐身战斗机
结　构	机身为金属/复合材料
机　翼	悬臂式中单翼、后掠翼
起落装置	可收放前三点式起落架
尺　寸	翼展：35 英尺（10.7 米） 长度：51.4 英尺（15.67 米） 高度：14.2 英尺（4.33 米） 机翼面积：460 平方英尺（42.70 平方米）
重　量	空载重量：29098 磅（13200 千克） 最大起飞重量：70000 磅（31800 千克）
动力装置	1 台普拉特·惠特尼 F135 带后燃器的涡轮风扇发动机，推力为 43000 磅力（191.0 千牛）
性　能	最大飞行速度：1200 英里/小时（1930 千米/小时，1.6 马赫） 实用升限：50000 英尺（15240 米） 航程：1367 英里（2200 千米）
武器系统	1 台 GAU-22/A 1（25 毫米口径）机炮，在机身的炸弹舱内和翼下挂载点最多可携带 18000 磅（8100 千克）载荷（导弹、炸弹、副油箱）
乘　员	1 名

三维渲染图

Marco De Fabianis Manferto，马尔科·德·法比亚尼斯·曼费尔托。工业设计师，3D建模师，本科毕业于欧洲设计学院产品设计专业，后于米兰理工大学获得3D建模硕士学位。曾在白星出版社出版过《传奇模型：法拉利》《传奇模型：哈雷·戴维森》等多部著作。

作　　者

Riccardo Niccoli，里卡多·尼科利。意大利著名航空历史学家，航空专业记者、摄影师。自1982年起为杂志撰写专栏，曾在欧美各国出版多部航空主题书籍，著有《飞行史：从莱昂纳多的飞行机器到征服太空》等多部著作。

翻　　译

庞旭。长期从事外国军事研究工作和航空航天领域外语翻译工作。翻译完成了《美国非战争军事行动指南》《在黑暗中决策》《明日战争——以不同的方式思考》《英国皇家特种部队·精锐特种兵——灾难逃生手册》《F-117隐形战斗机飞行员》等三十余部军事著作。

校　　译

傅聂。曾在意大利罗马留学并取得硕士学位，回国后长期从事外国军事研究工作，主编外国军事系列译著十余部。

出 品 人：许　永
出版统筹：海　云
责任编辑：许宗华
特邀编辑：钱成峰
封面设计：海　云
印制总监：蒋　波
发行总监：田峰峥

投稿信箱：cmsdbj@163.com
发　　行：北京创美汇品图书有限公司
发行热线：010—59799930

创美工厂　　　创美工厂
微信公众平台　官方微博